一流规划教材

实验系列教材

核科学技术实验教学中心　实验教材

BASIC EXPERIMENT OF NUCLEAR ENGINEERING

核工程基础实验

李远杰　李　佳　编著

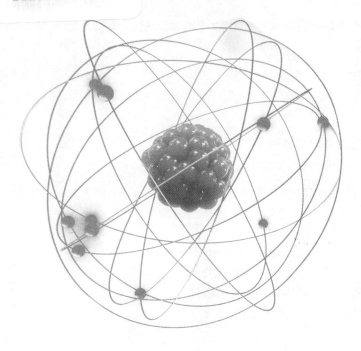

中国科学技术大学出版社

内 容 简 介

本书主要结合核工程与核技术专业特点,针对学时少、专业方向多的难点,凝练了反应堆热工基础实验以及核电站虚拟仿真实验等内容,希望通过实验教学的开展提高学生的动手能力、思维能力和创新能力。本书还在传统实验设置的基础上,进行了一些创新实验的介绍,使学生不仅掌握理论知识,同时也学会编程以及数据处理。

本书的内容具有很强的针对性,主要面向核工程与核技术专业的本科生和研究生及核电企业的员工。

图书在版编目(CIP)数据

核工程基础实验/李远杰,李佳编著. —合肥:中国科学技术大学出版社,2022.5
ISBN 978-7-312-02602-7

Ⅰ. 核… Ⅱ. ①李… ②李… Ⅲ. 核工程—实验—高等学校—教材 Ⅳ. TL-33

中国版本图书馆 CIP 数据核字(2022)第 071246 号

核工程基础实验

HE GONGCHENG JICHU SHIYAN

出版	中国科学技术大学出版社
	安徽省合肥市金寨路 96 号,230026
	http://press.ustc.edu.cn
	https://zgkxjsdxcbs.tmall.com
印刷	合肥市宏基印刷有限公司
发行	中国科学技术大学出版社
开本	787 mm×1092 mm　1/16
印张	7
字数	180 千
版次	2022 年 5 月第 1 版
印次	2022 年 5 月第 1 次印刷
定价	28.00 元

前　　言

　　核工程与核技术学科是中国科学技术大学 7 个 A＋学科之一。新形势下，核工程与核技术学科实现了跨越式发展，很多主客观条件发生了重大改变，本科教学的培养方案也在不断调整，其中构建一门核工程专业基础实验课程以满足学生实验教学的需求显得尤为必要。实验教学是人才培养的重要环节，自中国科学技术大学创建以来，老一辈科学家尤其重视实验教学，利用有限的条件变着花样让学生参与实验，让理论和实践相结合。

　　本书主要结合核工程与核技术专业特点，针对学时少、专业方向多的难点，凝练了反应堆热工基础实验以及核电站虚拟仿真实验等内容。目的不在于追求实验教学项目的多而全，而是希望通过实验教学的开展提高学生的动手能力、思维能力和创新能力。本书还在传统实验设置的基础上，进行了一些创新实验的介绍，例如空泡份额实验就是利用放射源和高速相机两种方法开展实验教学，使学生不仅掌握理论知识，同时也学会编程以及数据处理。此外，还介绍了利用自主创新的超临界二氧化碳实验教学装置开展的实验，让学生充分掌握超临界的基本原理，为学生的后续学习奠定基础。

　　本书的内容具有很强的针对性，主要面向核工程与核技术专业的本科生和研究生及核电企业的员工。读者在阅读本书的过程中，应该勇敢地提出问题，并尝试解决问题，尤为重要的是在实验室环境下进行大胆猜测、小心求证。

　　本书是作者在近十年的核科学实验教学的实践中，对教学讲义不断丰富和调整形成的。书中所列的参考资料难免有所遗漏，这并非作者的原意。在此特别向所有被引资料的作者以及诸多同行表示感谢，是大家的成果，才使得讲义能够成书。

　　本书成书时间仓促，谬误在所难免，欢迎读者批评指正。

李远杰

2022 年 2 月

目　　录

前言 ……………………………………………………………………………………（ⅰ）

实验1　超临界二氧化碳流动传热实验 ………………………………………………（1）
1.1　实验目的 ………………………………………………………………………（1）
1.2　实验原理 ………………………………………………………………………（1）
1.3　实验装置 ………………………………………………………………………（2）
1.4　实验内容 ………………………………………………………………………（3）
1.5　实验步骤 ………………………………………………………………………（3）
1.6　注意事项 ………………………………………………………………………（4）
1.7　实验报告 ………………………………………………………………………（4）
1.8　思考题 …………………………………………………………………………（5）

实验2　伽马能谱测量与模拟 …………………………………………………………（6）
2.1　实验目的 ………………………………………………………………………（6）
2.2　实验原理 ………………………………………………………………………（6）
2.3　实验装置 ………………………………………………………………………（9）
2.4　实验内容 ………………………………………………………………………（9）
2.5　实验步骤 ………………………………………………………………………（13）
2.6　实验报告 ………………………………………………………………………（13）
2.7　思考题（预习题） ……………………………………………………………（14）

实验3　Ce^{4+}的萃取实验 …………………………………………………………（15）
3.1　实验目的 ………………………………………………………………………（15）
3.2　实验原理 ………………………………………………………………………（15）
3.3　实验步骤 ………………………………………………………………………（15）
3.4　实验报告 ………………………………………………………………………（17）
3.5　思考题 …………………………………………………………………………（17）

实验4　热释光剂量测量 ………………………………………………………………（18）
4.1　实验目的 ………………………………………………………………………（18）
4.2　实验原理 ………………………………………………………………………（18）
4.3　实验设备 ………………………………………………………………………（21）

4.4 实验内容 ……………………………………………………… (21)

4.5 实验步骤 ……………………………………………………… (21)

4.6 注意事项 ……………………………………………………… (23)

4.7 实验报告 ……………………………………………………… (24)

4.8 思考题 ………………………………………………………… (24)

实验 5 中国科学技术大学校园环境辐射本底测量 ……………… (25)

5.1 实验目的 ……………………………………………………… (25)

5.2 实验内容 ……………………………………………………… (25)

5.3 实验装置 ……………………………………………………… (26)

5.4 实验步骤 ……………………………………………………… (26)

5.5 注意事项 ……………………………………………………… (27)

5.6 实验要求 ……………………………………………………… (28)

5.7 实验报告 ……………………………………………………… (28)

5.8 思考题 ………………………………………………………… (28)

实验 6 空泡份额实验 …………………………………………… (29)

6.1 实验目的 ……………………………………………………… (29)

6.2 实验原理 ……………………………………………………… (29)

6.3 实验步骤 ……………………………………………………… (32)

6.4 实验报告 ……………………………………………………… (32)

6.5 思考题 ………………………………………………………… (38)

实验 7 铁碳合金的金相组织观察 ……………………………… (39)

7.1 实验目的 ……………………………………………………… (39)

7.2 实验原理 ……………………………………………………… (39)

7.3 实验器材 ……………………………………………………… (47)

7.4 实验内容 ……………………………………………………… (47)

7.5 实验步骤 ……………………………………………………… (48)

7.6 实验报告 ……………………………………………………… (49)

7.7 思考题 ………………………………………………………… (49)

实验 8 符合法测量放射源活度 ………………………………… (50)

8.1 实验目的 ……………………………………………………… (50)

8.2 实验内容 ……………………………………………………… (50)

8.3 实验原理 ……………………………………………………… (50)

8.4 实验仪器 ……………………………………………………… (53)

8.5 实验步骤 ……………………………………………………… (53)

8.6 思考题 ………………………………………………………… (54)

实验 9　高速相机的使用 ⋯⋯⋯⋯⋯⋯⋯⋯⋯⋯⋯⋯⋯⋯⋯⋯⋯⋯⋯（55）

9.1　实验目的 ⋯⋯⋯⋯⋯⋯⋯⋯⋯⋯⋯⋯⋯⋯⋯⋯⋯⋯⋯⋯⋯（55）

9.2　高速相机 Phantom 基本参数介绍 ⋯⋯⋯⋯⋯⋯⋯⋯⋯⋯（55）

9.3　高速相机 PCC 软件测量功能介绍 ⋯⋯⋯⋯⋯⋯⋯⋯⋯⋯（57）

9.4　思考题 ⋯⋯⋯⋯⋯⋯⋯⋯⋯⋯⋯⋯⋯⋯⋯⋯⋯⋯⋯⋯⋯⋯（64）

实验 10　快放大器性能测试 ⋯⋯⋯⋯⋯⋯⋯⋯⋯⋯⋯⋯⋯⋯⋯⋯⋯（65）

10.1　实验目的 ⋯⋯⋯⋯⋯⋯⋯⋯⋯⋯⋯⋯⋯⋯⋯⋯⋯⋯⋯⋯（65）

10.2　实验原理 ⋯⋯⋯⋯⋯⋯⋯⋯⋯⋯⋯⋯⋯⋯⋯⋯⋯⋯⋯⋯（65）

10.3　电路设计 ⋯⋯⋯⋯⋯⋯⋯⋯⋯⋯⋯⋯⋯⋯⋯⋯⋯⋯⋯⋯（67）

10.4　电路性能测试 ⋯⋯⋯⋯⋯⋯⋯⋯⋯⋯⋯⋯⋯⋯⋯⋯⋯⋯（73）

10.5　实验内容及步骤 ⋯⋯⋯⋯⋯⋯⋯⋯⋯⋯⋯⋯⋯⋯⋯⋯⋯（76）

10.6　思考题 ⋯⋯⋯⋯⋯⋯⋯⋯⋯⋯⋯⋯⋯⋯⋯⋯⋯⋯⋯⋯⋯（77）

实验 11　传输线实验 ⋯⋯⋯⋯⋯⋯⋯⋯⋯⋯⋯⋯⋯⋯⋯⋯⋯⋯⋯⋯（78）

11.1　实验目的 ⋯⋯⋯⋯⋯⋯⋯⋯⋯⋯⋯⋯⋯⋯⋯⋯⋯⋯⋯⋯（78）

11.2　实验原理 ⋯⋯⋯⋯⋯⋯⋯⋯⋯⋯⋯⋯⋯⋯⋯⋯⋯⋯⋯⋯（78）

11.3　实验内容 ⋯⋯⋯⋯⋯⋯⋯⋯⋯⋯⋯⋯⋯⋯⋯⋯⋯⋯⋯⋯（79）

11.4　思考题 ⋯⋯⋯⋯⋯⋯⋯⋯⋯⋯⋯⋯⋯⋯⋯⋯⋯⋯⋯⋯⋯（80）

实验 12　核电厂运行虚拟仿真实验一：反应堆功率调节实验 ⋯⋯（81）

12.1　实验目的 ⋯⋯⋯⋯⋯⋯⋯⋯⋯⋯⋯⋯⋯⋯⋯⋯⋯⋯⋯⋯（81）

12.2　实验设备 ⋯⋯⋯⋯⋯⋯⋯⋯⋯⋯⋯⋯⋯⋯⋯⋯⋯⋯⋯⋯（81）

12.3　实验原理及内容 ⋯⋯⋯⋯⋯⋯⋯⋯⋯⋯⋯⋯⋯⋯⋯⋯⋯（81）

12.4　实验步骤 ⋯⋯⋯⋯⋯⋯⋯⋯⋯⋯⋯⋯⋯⋯⋯⋯⋯⋯⋯⋯（82）

12.5　实验报告 ⋯⋯⋯⋯⋯⋯⋯⋯⋯⋯⋯⋯⋯⋯⋯⋯⋯⋯⋯⋯（82）

12.6　思考题 ⋯⋯⋯⋯⋯⋯⋯⋯⋯⋯⋯⋯⋯⋯⋯⋯⋯⋯⋯⋯⋯（84）

实验 13　核电厂运行虚拟仿真实验二：核电站运行特性实验 ⋯⋯（85）

13.1　实验目的 ⋯⋯⋯⋯⋯⋯⋯⋯⋯⋯⋯⋯⋯⋯⋯⋯⋯⋯⋯⋯（85）

13.2　实验设备 ⋯⋯⋯⋯⋯⋯⋯⋯⋯⋯⋯⋯⋯⋯⋯⋯⋯⋯⋯⋯（85）

13.3　实验原理及内容 ⋯⋯⋯⋯⋯⋯⋯⋯⋯⋯⋯⋯⋯⋯⋯⋯⋯（85）

13.4　实验步骤 ⋯⋯⋯⋯⋯⋯⋯⋯⋯⋯⋯⋯⋯⋯⋯⋯⋯⋯⋯⋯（87）

13.5　实验报告 ⋯⋯⋯⋯⋯⋯⋯⋯⋯⋯⋯⋯⋯⋯⋯⋯⋯⋯⋯⋯（87）

13.6　思考题 ⋯⋯⋯⋯⋯⋯⋯⋯⋯⋯⋯⋯⋯⋯⋯⋯⋯⋯⋯⋯⋯（89）

实验 14　核电厂运行虚拟仿真实验三：核电厂事故实验 ⋯⋯⋯⋯（90）

14.1　实验目的 ⋯⋯⋯⋯⋯⋯⋯⋯⋯⋯⋯⋯⋯⋯⋯⋯⋯⋯⋯⋯（90）

14.2　实验设备 ⋯⋯⋯⋯⋯⋯⋯⋯⋯⋯⋯⋯⋯⋯⋯⋯⋯⋯⋯⋯（90）

14.3　实验原理及内容 ⋯⋯⋯⋯⋯⋯⋯⋯⋯⋯⋯⋯⋯⋯⋯⋯⋯（90）

14.4 实验步骤 …………………………………………………………（95）

14.5 实验报告 …………………………………………………………（96）

14.6 思考题 ……………………………………………………………（98）

实验 15 核电厂运行虚拟仿真实验四:核电站停堆实验 ………………（99）

15.1 实验目的 …………………………………………………………（99）

15.2 实验设备 …………………………………………………………（99）

15.3 实验原理及内容 …………………………………………………（99）

15.4 实验步骤 …………………………………………………………（101）

15.5 实验报告 …………………………………………………………（102）

15.6 思考题 ……………………………………………………………（103）

参考文献 ……………………………………………………………（104）

实验 1　超临界二氧化碳流动传热实验

1.1　实验目的

(1) 本实验旨在通过在超临界二氧化碳热工水力实验台上开展实验来研究不同工况下超临界流体管内流动换热特性,讨论这些热工参数对换热的影响规律;

(2) 掌握基本热工参数的测量方法;

(3) 掌握实验测量的误差处理方法。

1.2　实验原理

为了更清晰地描述和理解实验系统中 CO_2 的循环过程,以图 1.1 所示的 P-h 图描述循环过程如下:过冷状态的 CO_2 液体(1)经循环泵加压到出口的超临界状态(2),液体经过预热

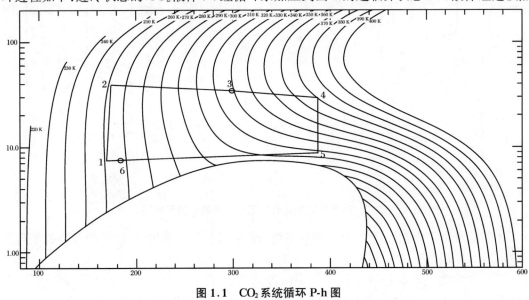

图 1.1　CO_2 系统循环 P-h 图

1-泵入口,2-泵出口,3-预热器出口,4-测试段出口,5-手动调节阀出口,6-冷却器出口

器的升温,并调节到所需的工况点(3)后,进入测试实验段,在测试实验段中加热到出口状态(4),从被试段出来的高温 CO_2,经节流阀节流(5)后,进入冷却器降温到所需的温度(6)后进入储液器(1),从而完成整个循环。

1.3 实 验 装 置

图1.2是超临界二氧化碳热工水力实验台的示意图。可以通过改变实验段来研究各种不同情况下的流体力学和传热学方面的知识。

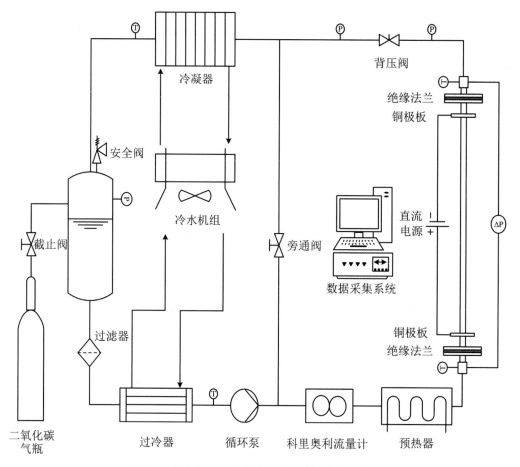

图1.2 超临界二氧化碳热工水力实验台的示意图

本实验平台主要包括6个系统,即主系统、预热系统、加热系统、控制系统及数据采集系统、实验段、冷却循环系统。

(1) 主系统:主系统包括几个关键部件,即储液罐、柱塞泵、变频器、缓冲罐、调节阀。实验工质为二氧化碳,从储液罐流出的 CO_2 液体经过冷凝器达到一定的过冷度,过冷工质通过柱塞泵经科里奥利流量计输送至预热器内,工质在预热器内预热至一定的温度后进入实验段并被加热,实验段后的工质进入冷凝器冷却后返回储液罐,完成一个循环。变频器用来控制柱塞泵的转速,通过调节泵的转速以及调节阀的开度实现压力和流量的控制。

(2) 预热系统:采用可控电水浴加热方式对 CO_2 进行预热,管道外侧具有保温层,预热器内安装有温度和压力传感器,将数据实时传回主控柜。

(3) 加热系统:加热段两端通过铜极板对不锈钢管体通电,从而实现等热流密度加热。实验段与外部管路之间通过耐压绝缘材料隔断。

(4) 控制系统及数据采集系统:通过电控箱控制温度、流量、压力、压差和电压、电流等数据并进行采集存储,该系统主要由传感器、变送器、数据采集仪和计算机组成。参数采用自动或手动控制,测量值由计算机进行数据采集处理并存档。

(5) 实验段:实验段为内径 $d = 7.74$ mm、外径 $D = 9.52$ mm 的 316 L 不锈钢钢管,加热长度为 1.05 m。整个实验段管道采用耐高温材料进行保温,沿管道轴向布置热电偶。实验段可实现 $-90°\sim90°$ 空间范围旋转。

(6) 冷却循环系统:冷却系统由过冷器、冷凝器和压缩冷凝机组组成。压缩冷凝机组不仅给过冷器及冷凝器提供所需的制冷量,还对柱塞泵的泵头进行冷却,从而实现系统稳定安全运行。

1.4　实 验 内 容

二氧化碳的临界温度为 31.2 ℃,临界压力为 7.38 MPa,通过超临界二氧化碳实验台架,掌握超临界换热关系和传热恶化基本原理。本实验包括以下内容:

(1) 超临界流体的参数测量,根据工况绘制曲线;

(2) 摩擦阻力梯度实验;

(3) 换热关系以及传热恶化实验。

1.5　实 验 步 骤

(1) 检查管路阀门,设置储液罐压力为 4.7 MPa,并启动冷却循环系统。冷却循环回路通过水路调节阀自动控制流经冷凝器及过冷器中的水量。

(2) 启动预热系统。设定实验段进口温度,根据 PT100 测得的流体进口温度,通过 PLC 将信号反馈给预热器电加热系统,实现温度自动调节和控制。

(3) 当预热段内流体温度达到设定温度时,启动二氧化碳循环泵。通过调频器调节背压阀和旁通阀,使实验段压力、流量达到预定工况。实验中系统设有超压保护,当出口压力达到 14 MPa 时,控制系统互锁保护,泄压阀自动泄压。

（4）当系统稳定后，打开直流电源供电加热系统。采用"稳流"方式，逐步提高加热功率。通过调节旁通阀、调节阀，使压力、流量保持在预定实验工况。系统稳定运行后，进行数据采集。

（5）重复第（4）步，记录不同工况下的实验数据。

（6）数据采集完成后，缓慢减小电加热量，防止压力、温度的剧烈变化对循环泵、实验段造成破坏。然后依次关闭直流电源、预热器、二氧化碳循环泵，待系统压力降至 4.5 MPa 左右，关闭循环冷却水系统。

1.6 注 意 事 项

（1）调节旁通阀、调节阀和提高加热功率时一定要缓慢，防止工况迅速变化引起压力过高或温度过高问题；

（2）实验段最高压力为 13 MPa，建议最高安全压力为 10 MPa；

（3）实验段最高温度为 200 ℃。

1.7 实 验 报 告

1．参数测量

实验所需要测量的参数包括：

（1）实验段的加热功率，即实验段两端的电压 U 和电流 I；

（2）进入实验段的质量流量 M；

（3）实验段的进出口温度 T_{in}，T_{out}；

（4）实验段的进口压力 P_{in}；

（5）实验段的压差 ΔP_{exp}；

（6）实验段各点外壁面温度 T_{wo}；

（7）实验段的倾斜角度 θ。

2．数据处理

（1）计算进口速度 U_{in}、质量流率 G、雷诺数 Re_{in}；

（2）计算热流密度 $q_s = \dfrac{Q}{A_{s,i}}$，$Q = UI$；

（3）计算各点流体体平均焓值 $i_{b,n} = i_{b,n-1} + \dfrac{q_s [\pi d (x_n - x_{n-1})]}{m}$；

（4）计算对应各点流体体平均温度 T_b；

（5）计算实验段对应各点内壁面温度 $T_{wi} = T_{wo} - \dfrac{q_v (d^2 - D^2)}{16k} + \dfrac{q_v D^2}{8k} \ln \dfrac{d}{D}$（$q_v$ 为体积

热流密度, k 为实验段材料热导率);

（6）计算换热系数 $h = \dfrac{q_{s}}{T_{wi} - T_{b}}$;

（7）计算努塞尔数 $Nu_{exp} = \dfrac{hd}{k_{b}}$（$k_{b}$ 为流体体积平均温度下所对应的导热系数);

（8）绘制内壁面温度 T_{wi}、换热系数 h、努塞尔数 Nu_{exp} 曲线,判断强化或者恶化;

（9）分析各工况参数对换热的影响特性,作出相应的变化曲线图并加以讨论。

1.8　思　考　题

（1）超临界二氧化碳物性的变化对其流动传热产生了什么影响?

（2）如何增强超临界二氧化碳换热能力?

实验 2　伽马能谱测量与模拟

2.1　实 验 目 的

(1) 了解 NaI 谱仪的结构和工作原理;

(2) 测量几种放射性同位素的伽马能谱,观察光子与物质作用展现的能谱分布特征;

(3) 验证放射性距离平方反比衰减定律是否成立;

(4) 对放射性测量结果进行统计误差分析;

(5) 掌握能量刻度、峰形刻度及能量分辨率测量的方法;

(6) 学习蒙卡程序进行探测器模拟的方法,并将模拟结果与实测能谱数据进行比较分析。

2.2　实 验 原 理

2.2.1　NaI 谱仪工作原理

NaI 谱仪是一种典型的无机闪烁体探测器,它是一种无色透明单晶体。其中激活剂 Tl 含量为 0.5%~1%,可提高发光效率。其特点是含有高原子序数元素碘,因此无论是对带电粒子还是 γ 射线,都有大的电离损失和高探测效率,另外它的发光效率也较高,能量分辨率较好,可分辨核素种类。缺点是容易潮解,使用时必须密封。谱仪的构成除了闪烁体探头外,还有滤光片、光导、光电倍增管、高压电源、线性脉冲放大器、多道分析器等电子学设备。谱仪既能对辐射强度进行测量又可用作辐射能量的分析。和 G-M 管相比,谱仪的探测效率高,分辨时间短。图 2.1(a)和(b)分别为 NaI(Tl)谱仪结构构成图及探头晶体实物展示图。

2.2.2　射线与闪烁体的相互作用

当射线(带电粒子或非带电粒子)入射至闪烁体时,其相互作用过程(图 2.2)包括带电粒子在闪烁体中能量衰减的过程,以及光子与物质发生的三种效应——光电效应($E_\gamma <$

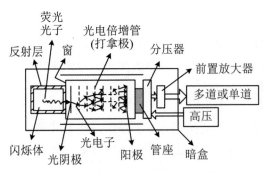

(a) NaI(Tl)谱仪结构构成图

(b) NaI(Tl)探头晶体实物展示图

图 2.1　NaI(Tl)谱仪结构构成图及探头晶体实物展示图

0.3 MeV)、康普顿散射效应和电子对效应($E_\gamma > 1.02$ MeV)。前两种效应过程产生电子,后一过程出现正、负电子对。这些次级电子将能量沉积到闪烁体中,使得闪烁体中原子电离、激发产生荧光。光电倍增管的光阴极将收集到的这些荧光光子转换成光电子,这些光电子倍增后在管子阳极被收集,并通过阳极的负载电阻形成电压脉冲信号。γ 射线与物质的三种作用产生的次级电子能量各不相同,因此对于单一能量的 γ 射线,闪烁体探测器输出的次级电子脉冲幅度有一个很宽的分布,分布的形状取决于三种相互作用的贡献,在能谱形态上表现为全能峰、康普顿坪、单逃逸峰(SE)和双逃逸峰(DE)等。在能量较低时,主要是光电峰,伴随出现特征 X 射线(或俄歇电子)。对中等能量,除光电峰以外还有康普顿坪。在能量较高时,特别是在 1.5 MeV 以上,谱形上又会出现单逃逸峰和双逃逸峰等。

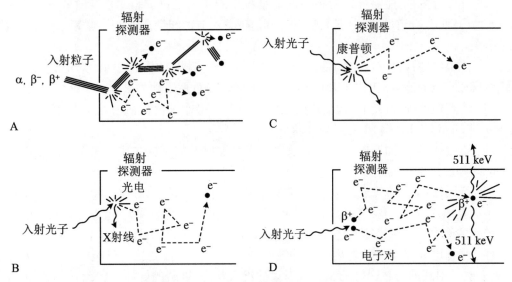

图 2.2　射线与闪烁体的相互作用过程

对 γ 射线能谱测定而言,只有光子损失其全部能量的相互作用才是最重要的,由康普顿效应引起的相互作用及其所产生的能量范围很宽的反冲电子,在 γ 射线能谱测定中只是障碍,并非有用特征。

2.2.3 谱仪的性能指标

全能峰(光电峰)是指入射射线的能量全部损失在探测器灵敏体积内时,探测器输出脉冲形成的谱峰。每个入射光子在 NaI(Tl)晶体中的总沉积能量等于源光子与介质相互作用后的沉积能量和各个次级光子的沉积能量之和。

(1) 半高宽($FWHM$):即便是确定能量粒子的脉冲幅度,也仍具有一定的分布,脉冲极大值一半处的全宽度称为半高,有时也用 ΔE 表示。$FWHM$ 反映了谱仪对相邻脉冲幅度或能量的分辨本领,如图 2.3 所示。$FWHM$ 在不同能量处各不相同且与能量大小呈非线性关系。

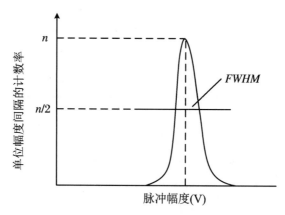

图 2.3　单能带电粒子的脉冲谱形

(2) 能量分辨率:能够分辨两种不同能量粒子的能力。粒子脉冲幅度的分辨率为 $\eta = \Delta E/E = FWHM/$峰道址,其中 E 代表脉冲峰值位置对应的能量。能量分辨率与入射 γ 射线能量有关。

(3) 能量线性:谱仪对入射 γ 射线的能量和它产生的脉冲幅度之间的对应关系。一般 NaI 谱仪在较宽的能量范围内(100 keV~1300 keV)是近似线性关系。

(4) 康普顿坪:散射光子逃逸后,产生的反冲电子将能量消耗在闪烁体中,留下一个能量从 0 到 $E_{\gamma}/(1+1/4E_{\gamma})$ 的连续电子谱。

(5) 探测效率:探测器探测到的粒子数与光源发射的粒子数之比。关系到测量中所花费的时间和所必需的最低源强。

(6) 峰康比:全能峰峰道最大计数与康普顿坪内的平均计数之比。峰康比的意义在于若一个峰叠加到另一个谱线的康普顿坪上,该峰是否能清晰地表现出来,即存在高能强峰时探测弱峰的能力。峰康比越大越好。一般 NaI(Tl)谱仪的峰康比只有 5∶1 左右。

(7) 峰总比 $R(E)$:全能峰内的脉冲数与全谱下的脉冲数之比。影响峰总比的因素很多,如入射 γ 射线的能量、晶体大小、入射束的准直状态、屏蔽的好坏,以及晶体包装物质和厚度等。在晶体尺寸相同的条件下,比较峰总比的大小可以说明周围散射 γ 射线干扰的情况。$R(E)$ 值基本上不随源与探头之间距离的变化而发生改变。

2.3　实 验 装 置

（1）一体化 NaI 谱仪；

（2）豁免固体点源：^{137}Cs，^{60}Co，^{241}Am。

2.4　实 验 内 容

2.4.1　伽马能谱采集与分析

1. 峰形识别

利用一体化 NaI 谱仪分别测量^{137}Cs，^{60}Co，^{241}Am 的伽马能谱并保存，观察并标记光电峰、康普顿坪、反散射峰所在位置及能量，与理论谱形做对比，理解其物理含义。

图 2.4 为^{137}Cs 源理论谱形图，其中峰 A 称为全能峰，这个峰包含光电效应以及多次效应的贡献，本实验装置的 NaI 谱仪对应 0.662 MeV 处的伽马射线能量分辨率约为 7.5%。

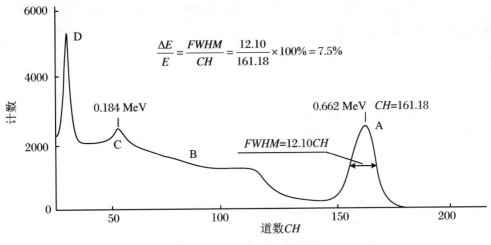

图中公式：

$$\frac{\Delta E}{E} = \frac{FWHM}{CH} = \frac{12.10}{161.18} \times 100\% = 7.5\%$$

图 2.4　^{137}Cs 源理论谱形图

平台曲线 B 是康普顿效应的贡献，其特征是散射光子逃逸后留下一个能量从 0 到 $E_\gamma/(1+1/4E_\gamma)$ 的连续电子谱。

峰 C 为反散射峰，由伽马射线穿过闪烁体射在光电倍增管的光阴极上康普顿反散射（光子散射角度为 180°）或伽马射线在源及周围物质上发生康普顿反散射，而反散射光子进入闪烁体通过光电效应而被记录所致。对于^{137}Cs 而言，反散射峰 C 的能量约为 0.184 MeV。

峰 D 为 X 射线特征峰,它由^{137}Ba 的 K 层特征 X 射线贡献。^{137}Cs 的 β 衰变体^{137}Ba 从激发态释放的能量可能部分转换为内转电子,从而造成 K 层电子空位,外层电子补位跃迁后产生特征 X 射线。对于^{137}Cs 而言,X 射线峰 D 的能量约为 32 keV。

2. 能量刻度

能量刻度是指建立放射源能量 E 与峰道址 X_p 的关系并绘制关系曲线图,通过线性拟合:$E(X_p) = GX_p + E_0$ 得到拟合关系式中的参数值 G 和 E_0。根据采集到的三个点源的能谱,通过寻峰获取三枚豁免源^{60}Co(1173.2 keV,1333.2 keV),^{137}Cs(661.7 keV,184 keV),^{241}Am(59.6 keV)对应的峰位值,利用最小二乘法或其他线性拟合公式进行参数拟合。

经过能量刻度后的谱仪可以对待测样品进行定性分析,判断核素种类。但是无法对核素的活度进行定量分析,需要效率刻度才可进行定量分析。

3. 峰形刻度

峰形刻度是指建立的半高宽($FWHM$)与能量之间的关系。对三个点源^{60}Co(1173.2 keV,1333.2 keV),^{137}Cs(661.7 keV),^{241}Am(59.6 keV)的全能峰进行寻峰,确定峰位和半高宽值($FWHM$),建立能量(keV)-$FWHM$ 刻度曲线,并确定峰形拟合公式 $FWHM = a + b\sqrt{E}$ 的参数值 a 和 b。

4. 测量能量分辨率

对三个点源^{60}Co(1173.2 keV,1333.2 keV),^{137}Cs(661.7 keV),^{241}Am(59.6 keV)的全能峰进行寻峰,确定峰位(CH)和半高宽值($FWHM$),根据能量分辨率的计算公式 $\eta = \dfrac{\Delta E}{E} = \dfrac{FWHM}{CH}$ 分别计算探测器在不同能量下的能量分辨率。

因为标准放射源^{137}Cs 的全能峰最为明显和典型,所以一般选用 661.67 keV 的^{137}Cs 全能峰的能量分辨率作为谱仪分辨率。

2.4.2 放射性距离平方反比衰减定律的验证

距离平方反比衰减定律是核技术实验中非常基本的定律之一,也是辐射防护的重要理论依据之一。实验用点源(源的线度远小于源到观测点的距离)为各向同性。若单位时间内发射的粒子数为 n_0,则在以点源为球心、R 为半径的球面上,单位时间内将有 n_0 个粒子穿过(设空间无辐射吸收与散射等)。因此,在离源距离为 R 处,单位时间、单位面积上通过的粒子数 n(计数率)为

$$n = \frac{n_0}{4\pi R^2} = \frac{C}{R^2}$$

式中,$C = \dfrac{n_0}{4\pi}$,可见 $n \propto \dfrac{1}{R^2}$,此即距离平方反比定律。对上式取对数可得

$$\ln n = -2\ln R + \ln C$$

在本实验中利用^{137}Cs 源,通过升降仪改变源与探测器之间的距离(每次改变 1 cm),测量时间设为 5 min,测得 5 组相应的全能峰粒子净计数 n 及其精度,验证距离平方衰减定律是否成立。如果不成立,分析其原因,并拟合出计数率与源到探测器距离新的公式。

2.4.3　放射性测量的统计误差

1. 计数/计数率的测量精度

在实际测量中,当测量时间 t 小于放射性核素的半衰期时,可用一次测量结果 N 来代替平均值 $\bar{N}$,其统计误差为 $\sigma = \sqrt{N}$,测量的相对误差(精度)为 $\delta = \dfrac{\sigma}{N} = \dfrac{1}{\sqrt{N}}$。$N$ 大时 δ 小,表示测量精度高;反之,则表示测量精度低。

测量时间不受统计涨落的影响。计数率 n 的相对误差和计数一样,也是 $\dfrac{1}{\sqrt{N}}$。当计数率不变时,测量时间越长,误差越小;当测量时间被限定时,计数率越高,误差越小。

在本实验中不考虑扣除本底的情况下,分别测量 5 min 和 10 min,通过 ^{137}Cs 的全能峰计数来测量精度。

2. 在考虑本底计数情况下的测量精度

在低活度测量中,需要考虑本底计数的统计涨落。考虑本底计数是因为宇宙射线和测量装置周围有微量放射性物质的沾染等。考虑本底的统计误差后,净计数率的统计误差是

$$\sigma_n = \sqrt{\frac{n_s}{t_s} + \frac{n_b}{t_b}}$$

相对误差(精度)为

$$\delta = \frac{\sqrt{\dfrac{n_s}{t_s} + \dfrac{n_b}{t_b}}}{n_s - n_b}$$

式中,n_s 为测量源的总计数率;n_b 为无放射源时的本底计数率;t_s 为有源时的测量时间;t_b 为本底测量时间。本底计数率越大,对测量精度的影响越大,因此在测量时应设法减小本底计数率。测量时间越长,精度越高;在限定的误差范围内,需要确定最短的测量时间。

在本实验中,能谱采集软件可以自动扣除源粒子散射在全能峰位附近的本底得到一个净计数值 N_{s1},为准确测量净计数,需要在无源条件下再测量一次在全能峰峰面积范围内的本底计数 N_b,最终得到实际净计数 $N_s = N_{s1} - N_b$。

(1) 假设有源和无源条件下测量时间一致,分别测量 5 min 和 10 min,计算净计数率的精度;

(2) 假设对于放射源净计数率的测量精度要求为 1%,估计测量时间。

2.4.4　NaI 谱仪的蒙卡模拟

利用蒙卡计算程序 MCNP 作为谱仪的模拟计算工具。模拟探测器的几何结构示意图如图 2.5 所示,NaI 探头的具体结构示意图如图 2.6 所示。NaI 晶体为圆柱体:直径 45 mm,厚度 42 mm(绿色);Al 壳壁厚度 1.5 mm,前端盖子厚度 1.2 mm(深蓝色);MgO 反射层厚度 1.5 mm(黄色);SiO$_2$ 半导柱体:直径 51 mm,厚度 150 mm。

由能谱数据的统计特性可知,光电峰峰形可用高斯函数予以近似。对计数探测器栅元用脉冲高度计数卡 F8 计数,并作用于高斯展宽系数:FT8 GEB a b 0;其中参数 a,b 值由峰形拟合公式 $FWHM = a + b\sqrt{E}$ 中的参数确定。MCNP 模拟的 ^{137}Cs 和 ^{60}Co 伽马能谱如图 2.7 所示。

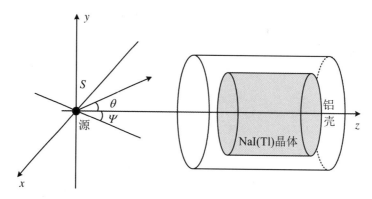

图 2.5　模拟探测器的几何结构示意图

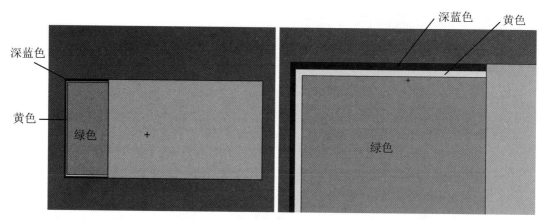

图 2.6　NaI 探头的具体结构示意图

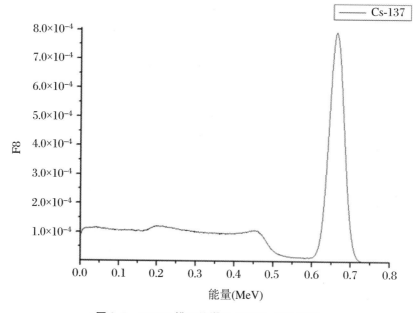

图 2.7　MCNP 模拟的 ^{137}Cs 和 ^{60}Co 伽马能谱

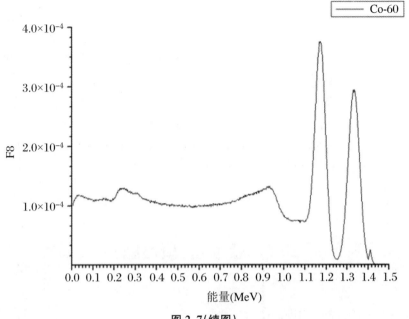

图 2.7(续图)

最后将蒙卡模拟的谱形与实验测量的谱形在全能峰处做归一化处理,在同一坐标系进行能谱比较,分析造成实验测量与蒙卡模拟谱形差异的因素。

2.5　实　验　步　骤

(1) 源的领用和归还必须在实验老师处登记;

(2) 调整实验支架,使得放射源、闪烁体探头的中心位于一条直线上;

(3) 豁免源在使用过程中用镊子拿取,避免用手直接接触;

(4) 打开谱仪配置(config),确定 NaI 谱仪已连接到采集软件的串口端;

(5) 打开谱仪采集软件,打开高压模块,预热;

(6) 设置采集时间,开始采集(GO);

(7) 采集完毕后,先关闭高压模块,再关闭软件和电脑。

2.6　实　验　报　告

实验结果分析与数据处理:

(1) 将伽马谱仪软件采集的 ^{137}Cs, ^{60}Co, ^{241}Am 谱形数据导出,并利用 Excel 或 Origin 软

件绘制在同一坐标图中,其中针对^{137}Cs 的能谱标记电峰、康普顿坪、反散射峰所在位置及能量。

(2) 利用上述三种核素全能峰所对应的脉冲幅度值(道数)与相对应的伽马射线能量作能量刻度曲线,并对数据做最小二乘拟合,一般取到一次直线拟合参数。为测准分辨率,要求各个谱的全能峰峰位处计数精度小于2%(若源较弱,可放宽到3%)。

(3) 记录上述三种核素全能峰对应的道数和半高宽($FWHM$),绘制峰形刻度曲线;求得 GEB 拟合公式 $FWHM = a + b\sqrt{E}$ 中的参数 a,b,作为模拟时高斯展宽参数设置的依据。

(4) 对蒙卡模拟的谱形与实验测量的谱形在全能峰处做归一化处理,在同一坐标系进行能谱比较,并分析造成实验测量与蒙卡模拟谱形差异的因素。

2.7　思考题(预习题)

(1) 简述 NaI 谱仪的工作原理。

(2) 描述本次实验用到的三种放射源^{137}Cs,^{60}Co,^{241}Am 的衰变纲图。

(3) 试分析峰形拟合公式 $FWHM = a + b\sqrt{E}$ 成立的依据,思考是否有更佳的峰形拟合公式。如有,请给出推导过程。

(4) 若有一单能 γ 源,能量为 2 MeV,试预测其谱形;试用 MCNP 程序模拟并绘制出 2 MeV 的伽马能谱,并解释谱形各个峰的物理意义。

(5) 反散射峰是如何形成的?

(6) 影响能量分辨率的因素有哪些? 能量分辨率的好坏有何意义?

(7) 提高放射性计数测量结果精度的方法有哪些?

实验 3 Ce⁴⁺ 的萃取实验

3.1 实验目的

以磷酸三丁酯(TBP)-煤油为萃取剂进行铀钚萃取分离是乏燃料湿法后处理最重要的核素分离方法。本实验以非放射性铈元素模拟铀钚元素,对磷酸三丁酯(TBP)-煤油萃取剂萃取 Ce^{4+} 的萃取率,以及 Ce^{4+} 在实验设计的萃取体系下的分配系数进行测量。通过本实验了解多级萃取与单级萃取对萃取率的影响,以及料液酸度对分配系数的影响。

3.2 实验原理

$$M^{n+} + 2TBP \Longrightarrow M(TBP)_2^{n+}$$
$$2Ce^{4+} + H_2C_2O_4 \Longrightarrow 2Ce^{3+} + 2CO_2 \uparrow + 2H^+$$
$$2Ce^{3+} + 3C_2O_4^{2-} + 9H_2O \Longrightarrow Ce_2(C_2O_4)_3 \cdot 9H_2O \downarrow$$

3.3 实验步骤

3.3.1 一级萃取实验

(1) 用电子天平称取 2.74 g 硝酸铈铵,将其完全溶解于 25 mL 水中,配置 0.2 mol/L 硝酸铈铵溶液;

(2) 分别用移液管量取 3 mL 磷酸三丁酯和 7 mL 煤油,配制 30% TBP 萃取剂;

(3) 将配制好的硝酸铈铵溶液以及萃取剂倒入分液漏斗中,采用自动混合仪器使其完全混合,混合 1 min 后开盖放气,再混合 4 min;

(4) 混合后,将分液漏斗静置,可观察到液体分为两层,上面一层为 TBP-煤油萃取相,下面一层为硝酸铈铵水溶液萃余相；

(5) 收集萃余相硝酸铈铵水溶液，待分析萃余相中 Ce^{4+} 的含量；

(6) 用电子天平称取 1.89 g 草酸，将其完全溶解于 30 mL 水中，配制 0.5 mol/L 草酸溶液；

(7) 将配制好的草酸溶液在磁力搅拌下缓慢加入第(5)步所收集的萃余相溶液中，此时出现草酸铈沉淀，搅拌 5 min 后静置，待下一步分离沉淀物；

(8) 用电子天平称取经烘箱烘干后的双层滤纸质量；

(9) 将第(7)步的沉淀物混合溶液用锥形漏斗以及双层滤纸过滤，沉淀物残留在滤纸上；

(10) 将滤纸摊开置于表面皿上，放入烘箱中，在 80 ℃ 下烘干沉淀，大约需要 4 h；

(11) 取出滤纸，用电子天平称量沉淀质量；

(12) 计算 Ce^{4+} 的萃取率及分配系数。

3.3.2 二级萃取实验

步骤与一级萃取实验大致相同，但是在萃取过程中分两级萃取。

(1) 分别用移液管量取 1.5 mL 磷酸三丁酯和 3.5 mL 煤油，配制 30% TBP 萃取剂；

(2) 将配制好的硝酸铈铵溶液以及萃取剂倒入分液漏斗中，采用自动混合仪器使其完全混合，混合 1 min 后开盖放气，再混合 4 min；

(3) 混合后，将分液漏斗静置，可观察到液体分为两层，上面一层为 TBP-煤油萃取相，下面一层为硝酸铈铵水溶液萃余相；

(4) 收集萃余相硝酸铈铵水溶液，待进行第二次萃取；

(5) 分别用移液管量取 1.5 mL 磷酸三丁酯和 3.5 mL 煤油，配制 30% TBP 萃取剂；

(6) 将上述萃取剂加入第(4)步获得的萃余相溶液中，并倒入分液漏斗中，采用自动混合仪器使其完全混合，混合 1 min 后开盖放气，再混合 4 min；

(7) 混合后，将分液漏斗静置，收集萃余相溶液，待分析萃余相中 Ce^{4+} 的含量；

(8) 用电子天平称取 1.89 g 草酸，将其完全溶解于 30 mL 水中，配制 0.5 mol/L 草酸溶液；

(9) 将配制好的草酸溶液在磁力搅拌下缓慢加入第(7)步所收集的萃余相溶液中，此时出现草酸铈沉淀，搅拌 5 min 后静置，待下一步分离沉淀物；

(10) 用电子天平称取经烘箱烘干后的双层滤纸质量；

(11) 将第(9)步的沉淀物混合溶液用锥形漏斗以及双层滤纸过滤，沉淀物残留在滤纸上；

(12) 将滤纸摊开置于表面皿上，放入烘箱中，在 80 ℃ 下烘干沉淀，大约需要 4 h；

(13) 取出滤纸，用电子天平称量沉淀质量；

(14) 计算 Ce^{4+} 的萃取率及分配系数。

3.3.3 酸度对分配系数的影响

(1) 用电子天平称取 2.74 g 硝酸铈铵，将其完全溶解于 25 mL 的 2 mol/L 硝酸溶液中，配置 0.2 mol/L 硝酸铈铵硝酸水溶液；

(2) 分别用移液管量取 3 mL 磷酸三丁酯和 7 mL 煤油，配制 30% TBP 萃取剂；

（3）将配制好的硝酸铈铵溶液以及萃取剂倒入分液漏斗中，采用自动混合仪器使其完全混合，混合 1 min 后开盖放气，再混合 4 min；

（4）混合后，将分液漏斗静置，可观察到液体分为两层，上面一层为 TBP-煤油萃取相，下面一层为硝酸铈铵水溶液萃余相；

（5）收集萃余相硝酸铈铵水溶液，待分析萃余相中 Ce^{4+} 的含量；

（6）用电子天平称取 1.89 g 草酸，将其完全溶解于 30 mL 水中，配制 0.5 mol/L 草酸溶液；

（7）将配制好的草酸溶液在磁力搅拌下缓慢加入第（5）步所收集的萃余相溶液中，此时出现草酸铈沉淀，搅拌 5 min 后静置，待下一步分离沉淀物；

（8）用电子天平称取经烘箱烘干后的双层滤纸质量；

（9）将第（7）步的沉淀物混合溶液用锥形漏斗以及双层滤纸过滤，沉淀物残留在滤纸上；

（10）将滤纸摊开置于表面皿上，放入烘箱中，在 80 ℃下烘干沉淀，大约需要 4 h；

（11）取出滤纸，用电子天平称量沉淀质量；

（12）计算 Ce^{4+} 的萃取率及分配系数。

3.4　实验报告

（1）Ce^{4+} 的分配系数是多少？

（2）Ce^{4+} 的单级萃取率是多少？

（3）Ce^{4+} 的二级萃取率是多少？

（4）2 mol/L 硝酸溶液中 Ce^{4+} 的分配系数是多少？说明酸度对实验体系的分配系数的影响。

3.5　思　考　题

核燃料循环为什么需要采取多级萃取？

实验 4 热释光剂量测量

4.1 实 验 目 的

(1) 了解热释光探测器剂量仪的工作原理；
(2) 通过实验对热释光探测器的剂量学特性进行检验；
(3) 利用热释光剂量仪对当地环境剂量进行监测。

4.2 实 验 原 理

4.2.1 热释光探测器的工作原理

热释光现象的理论解释是以固体能带理论为基础的,它的模型如图 4.1 所示。

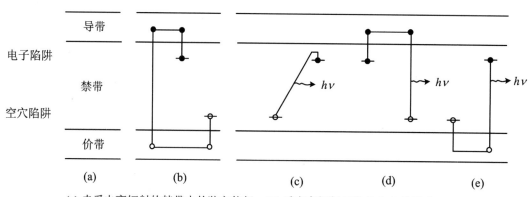

(a) 未受电离辐射的禁带中的独立能级；(b) 受电离辐射后发光中心的形成；
(c)~(e) 加热测量时的热释光过程。 ● 电子； ○ 空穴

图 4.1 用能带理论解释热释光机理的示意图

磷光体(晶体)中的电子既不同于真空中的自由电子,也不同于孤立原子中的电子。晶体中的电子处于所谓能带状态,能带是由许多能级组成的,能带与能带之间隔离着禁带。当磷光体(晶体)受到电离辐射照射时,射线与晶体相互作用,产生电离和激发,使得晶体价带

中的电子获得足够的能量游离出来,上升到导带,在价带中剩下空穴(图 4.1(b))。被电离激发的电子和空穴在亚稳态能级分别被晶格中的缺陷所俘获(激发),这些缺陷成为"陷阱"(俘获电子的缺陷)或"中心"(俘获空穴的缺陷),统称为"发光中心"。处于亚稳态能级上的电子和空穴在无外源激发的环境下,可以长时间滞留在缺陷中。加热磷光体时,电子和空穴从发光中心逸出,电子和空穴迅速复合(图 4.1(c)),或游弋经导带后与禁带中的空穴复合(图 4.1(d)),或游弋到价带和空穴复合(图 4.1(e))。在上述几种复合中,都会以发射光子的形式释放出一部分能量,这种现象称为"热释光"。

电子和空穴复合的概率取决于加热温度,对于给定的辐射剂量,磷光体的发光强度值是加热温度和时间的函数,磷光体的发光强度值随温度变化的曲线称为"热释发光曲线"。图 4.2 给出的是 LiF(Mg,Cu,P)探测器的热释发光曲线图。发光曲线与吸收剂量之间的关系为:

(1) 发光曲线下的面积或者峰高与辐射在磷光体中产生的发光中心数目成正比;

(2) 而发光中心数目在线性响应的范围内,与吸收剂量成正比。

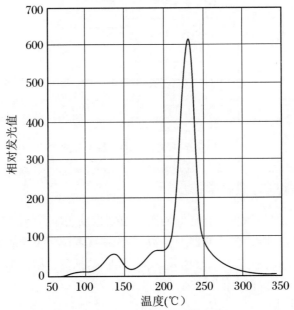

探测器规格:Φ4.5 mm×0.8 mm;照射剂量:1 mGy;

加热速率:2.39 ℃·s⁻¹

图 4.2　LiF(Mg,Cu,P)探测器的热释发光曲线图

热释光探测器可应用在个人剂量监测、环境剂量监测,以及其他如医学放射剂量测量、体模的分布测量、考古定年(尤其是陶瓷)等领域。

4.2.2　热释光读数器的系统构成

热释光剂量测量系统除了探测器,还有热释光读数器和其他辅助设备。

探测器剂量片用于在辐射场中接受照射并储存信号。其类型有粉状、片状、管状、柱状等,主要成分有 LiF,CaF,CaSO₄ 等。其中 LiF(Mg,Cu,P)是一种高信噪比的磷光体,为目前应用最广泛的一种剂量片,本实验亦采用此剂量片。

热释光读数器用于加热并读取热释光探测器中的信号。其主要由加热系统、光探测系统、信号转换系统和信号输出系统组成。在读数过程中,探测器被加热,释放出光子,这些光子被读数器收集并转换成电信号输出。

另外,整个系统中还包括辐照器、退火炉、冷却炉、配套计算机(包括专用软件)等辅助设备。辐照器主要用于探测器的筛选,退火炉用于探测器使用前的信号清零,冷却炉用于探测器退火后的快速冷却,配套计算机和读数器相连,读数器中测量出的信号输入计算机,经计算机处理后给出热释发光曲线图及最终读数值,并存入相应的数据库中。热释光读数器系统原理图如图4.3所示。

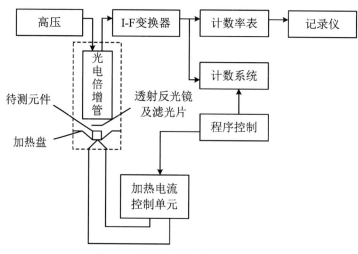

图4.3　热释光读数器系统原理图

4.2.3　热释光剂量片的剂量学特性

(1)刻度系数 K 值(灵敏度):指探测器对单位剂量的响应。将准备好的探测器,用标准源照射一定数值的剂量,然后在读数器上读数,给出一个读数值(通常为电荷数),二者的比值称为探测器的剂量刻度系数。K 值越大,灵敏度越好,探测下限越低。灵敏度与射线入射方向、元件形状和射线能量存在依赖关系。

(2)分散度(一致性):分散度是表征一批剂量元件对于某一确定的照射剂量测量的结果集中情况,分散度越小,说明该批元件在同一 K 值的数量越大。另外,分散度越小,对于将同批剂量元件同时应用于实际测量时得出的结果越具有可比性。一般情况下,在10%以内即可,5%以内更佳;如果应用于放射治疗的剂量测量时,则应在2%以内。

(3)重复性:热释光探测器可以重复使用,其重复性能是指一个热释光探测器多次照射同一剂量测量得到的测量值与平均值的偏差。此值越小,说明该探测器的重复使用性能越好,反之则差。

(4)线性范围:在一定范围内,探测器的受照剂量与读出值之间呈线性关系,这个剂量范围称为线性范围。LiF(Mg,Cu,P)的线性范围约为 1×10^{-7} Gy～12 Gy。

(5)样品本底:通常将未经人为辐照的元件的测量值统称为本底(或"假荧光")。它包括元件表面与空气中有机杂质接触产生的化学热释光和摩擦产生的摩擦热释光。样品本底与探测器材料的种类和使用条件有关,因此必须注意探测器元件和加热盘的清洁。

（6）衰退：受照后的磷光体，热释光会自然衰退。衰退的快慢与磷光体的种类、环境温度、光照等因素有关。辐射后的 LiF 在室温下保存几十天，主峰面积可保持基本不变。

4.3　实　验　设　备

（1）热释光读数器：HARSHAWQS-3500 型 3 台和 CTLD-250 型 4 台，配套计算机及真空镊子 6 套；

（2）退火炉、冷却炉：北京博创特公司退火炉和 BR2000B 冷却炉各 1 台，专用退火样品盘及镊子；

（3）辐照源：VINTEN623（Sr90/Y90）辐照器 1 台，标准照射剂量为 246 μGy/10 圈；

（4）热释光探测器（TLD）：LiF（Mg,Cu,P），规格为 $\Phi 4.5 \times 0.8$ mm，每人 5 片。

4.4　实　验　内　容

（1）热释光辐射响应性能测试：一致性、重复性、线性。

（2）利用热释光探测器对当地环境本底进行监测。

4.5　实　验　步　骤

首先需要进行退火处理，在 240 ℃ 的条件下处理 10 min。

在使用热释光探测器前需进行专门的热处理，清除探测器中的残余信号，并恢复原有的晶体结构。

（1）同时接通退火炉和冷却炉电源。退火炉从室温开始迅速升温，炉温升到 220 ℃ 左右时会自动放慢升温速度，到达 240 ℃ 时由于惯性，仍会冲过 240 ℃ 达到 241 ℃ 或 242 ℃。待其回落并稳定在 240 ℃（±1 ℃）5 min 以上，使炉温完全达到热平衡后，方可放入样品。

（2）将专用退火盘用无水酒精擦净晾干后，再将筛选过待退火的样品平放在退火盘上（千万不可叠放或堆放），拉开退火炉的舱门，用镊子将退火盘轻轻放在舱里迅速关上舱门。由于拉开舱门，打破了热平衡，炉舱内的温度会有所下降。等待炉内温度升回到 240 ℃ 后，开始计时。

（3）计时满 10 min 后，拉开退火炉舱门，用镊子迅速将样品盘取出，放至冷却炉的冷却板上并轻轻滑动，待样品完全冷却后即可取出。

（4）退火完成。

4.5.1 清洗加热托盘与烘盘

读数器在使用一段时间后,需要对加热托盘进行清洗。可用镊子夹起消毒后的纱布轻轻擦拭托盘表面,注意切勿用力过猛,避免镊子划伤托盘表面。清洗完毕后,设置如下的加热参数(见表4.1),将托盘推入,进行烘盘。

表4.1　烘盘加热参数设置

加温曲线	温度(℃)	时间(s)	速度(℃/s)
预热阶段	0	0	0
读出阶段	360	30	0
退火阶段	0	0	0

4.5.2 读数器稳定性检查

1. HARSHAWQS-3500型

（1）光电倍增管(PMT)噪声检测:半拉开探测器托盘抽屉,按下Read按钮。PMT噪声测量值在0～400 nC范围内为正常值。

（2）参考光源校验:全拉开探测器托盘抽屉,按下Read按钮。参考光源读数值范围为1～1500 nC,每次读数偏差不超过1 nC。

2. CTLD-250型

将读数器灵敏度设置为100,选择光源读数项,连续测量10次,得到标准光源计数 D_1,D_2,…,D_{100},求得平均值 $\bar{D}$,最大值 D_{max},最小值 D_{min}。则系统稳定性的判断条件如下:

$$\frac{D_{max}-\bar{D}}{\bar{D}}<0.2\%,\qquad \frac{\bar{D}-D_{min}}{\bar{D}}<0.2\%$$

4.5.3 本底测量

本底包括探测器自身本底和读数器空盘状态下的本底,本底测量是对退火后的探测器进行读数记录,包含了上述两类本底计数之和。

（1）将退完火的5枚探测器装入剂量盒,编上号码。

（2）加热参数设置,采用阶段式程序升温。CTLD-250型参数设置见表4.2。

表4.2　CTLD-250型读数器加热参数设置

加温曲线	温度(℃)	时间(s)	速度(℃/s)
预热阶段	140	020(10*)	20
读出阶段	240	025(20*)	20
退火阶段	000	000	000

*:HARSHAWQS-3500型读数器采集参数。

（3）读数器选择测量功能,分别记录每枚探测器的本底读数值。

4.5.4 辐照测量数据检验与误差分析

（1）一致性：检测同一批次 TLD 受相同照射剂量条件下读数的差异，检查每片 TLD 的读数与均值偏差是否在8%以内。

① TLD 样品放入辐照器照射1圈。

② 设置加热参数（同表4.2），按照 TLD 编号顺序依次放入热释光读数器中进行测量。设定加热程序完成后，加热盘温度开始下降，等降到50℃以下，拉开抽屉，取出样品，即可继续下一个样品的测量。

③ 计算所有 TLD 读数均值，并计算每片 TLD 读数与均值的偏差，筛选淘汰偏差大于8%的样品。

④ 样品退火。

（2）TLD 样品刻度与辐照响应的线性检验：测量 TLD 的刻度系数，筛选线性响应达标的 TLD。

① 计算上述照射10圈 TLD 样品的刻度系数，$K = \dfrac{净计数（读数）}{照射标准剂量}$。取同一片 TLD 两次测量刻度系数的平均值。

② 对 TLD 样品辐照20圈。

③ 设置加热参数（同表4.2），按照 TLD 编号顺序依次放入热释光读数器中进行测量。设定加热程序完成后，加热盘温度开始下降，等降到50℃以下，拉开抽屉，取出样品，即可继续下一个样品的测量。记录每枚样品的读数。

④ 样品退火。

⑤ 根据刻度系数 K 和照射20圈的标准剂量值，计算各个样品的计数值；与样品的实际读数值做比较；进行样品辐照响应的线性回归检验：计算值与读数差异小于2%的样品，其线性响应性符合要求；对造成计算值与读数值的误差进行分析。

4.5.5 当地环境辐射水平监测

环境本底包括宇宙射线和自然界中天然放射性核素发出的射线。这些射线同样能使探测器响应，通过测量环境本底可对当地的辐射水平有所了解。

将 TLD 样品1~5号退火后放置在拟进行环境本底剂量监测的位置，避免厚屏蔽材料遮挡，并注意保持剂量片清洁、干燥、防潮。完成数据测量后，得出该样品的吸收剂量值，转换成当量剂量后与当地和国家规定的环境剂量标准进行比较。

4.6 注意事项

（1）从接通读数仪的电源开始，预热机器30 min 才可进行测量工作。

（2）在测量样品前，应先读一下机器内部光源和噪声的数据，以确认机器处于正常工作状态。

（3）读数过程中推进或拉出抽屉时要小心，避免用力过猛。加热托盘中的探测器要注意方向。

（4）每次操作严格按照规程的步骤进行，尽可能减小人为因素造成的系统误差。

（5）剂量片在使用过程中应避免灰尘、油渍等污染，避免水浸或过于潮湿的环境，避免接触高温环境，避免接触非待测的辐射源。如因操作不当导致探测器受到污染，应立即报告实验老师并上交探测器。

（6）退火炉高温操作时注意安全，避免用手直接接触退火盘。

（7）实验全部完成后归还所有剂量片，如有遗失或污损须上报实验老师。

4.7 实验报告

（1）记录实验过程中的所有数据，包括机器检测参数、所有 TLD 样品的读数、本底值、刻度系数等；

（2）记录监测环境剂量的结果，将探测器的编号、测得的环境剂量值、所布设的位置信息对应好做成报表并打印出来；

（3）分析产生环境本底剂量的各自因素，并根据国际和国内环境本底典型值范围，判断所测量位置的环境剂量是否超标。

4.8 思 考 题

（1）总结并分析 TLD 测量误差因素及其来源。本实验采用电子辐照器 Sr90 作为标定源，会带来哪些测量误差？

（2）TLD 测量吸收剂量的方法有哪几种？其中，哪种方法的测量结果更精确？

（3）调研探索新型光释光探测器的工作原理并与热释光探测器做特性对比研究。

实验 5　中国科学技术大学校园环境辐射本底测量

　　环境地表 γ 辐射剂量率测定是环境监测的组成部分,主要目的是:为核设施或其他辐射装置正常运行和事故情况下,在环境中产生的 γ 辐射对关键人群组或公众所致外照射剂量的估算提供数据资料;验证释放量符合管理限值和法规、标准要求的程度;监测核设施及其他辐射装置的情况,提供异常或意外情况的警告;获得环境天然本底 γ 辐射水平及其分布资料和人类实践活动所引起的环境 γ 辐射水平变化的资料。

　　本实验使用 SCB603E 型 X-γ 剂量率仪测量地面上方 1 m 处 γ 辐射空气吸收剂量率,根据《环境地表 γ 辐射剂量率测定规范》(GB/T 14583—93)中环境 γ 辐射对居民产生的有效剂量当量进行估算和简要评价。

5.1　实 验 目 的

(1) 了解闪烁体探测器的结构;
(2) 了解闪烁体探测器的工作原理;
(3) 学会使用 SCB603E 型 X-γ 剂量率仪测量地面上方 1 m 处的空气吸收剂量率;
(4) 了解电子学仪器的数据采集、记录方法和数据处理原理。

5.2　实 验 内 容

(1) 学会 SCB603E 型 X-γ 剂量率仪整套装置的操作、调整和使用;
(2) 掌握辐射环境现场测量及数据处理方法。

5.3 实 验 装 置

本实验采用 SCB603E 型 X-γ 剂量率仪,其系统框图如图 5.1 所示。

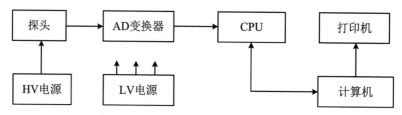

图 5.1 SCB603E 型 X-γ 剂量率仪系统框图

探头中的闪烁体在射线的激发下,引起发光,被光电倍增管接收,将光信号变成电信号,经过 A-D 变换后,输出一电压脉冲。当电离辐射场较强时,单位时间产生的电压脉冲频率较高;当电离辐射场较弱时,单位时间产生的电压脉冲频率较低。因此,在一定能量范围内的辐射场下,空气中辐射剂量率和被测量的计数率成正比。

探头产生的信号通过电缆送到主机的单片机中,进行测量分析,根据测量的实际需要选择设定某些参数(如采样时间、采样次数、循环次数……)后,启动测量,自动给出最后的结果(平均值、变异系数、测量时间及日期),通过和计算机、打印机连接电缆,可将测量数据传送到计算机上,进行编辑和记录。

5.4 实 验 步 骤

1. 测量位置

(1) 本实验将在中国科学技术大学东区和西区校园内选择若干地点进行环境 γ 剂量率测量工作,可自行选择测量地点,测量地点的地貌尽可能涵盖校园的多种地貌,如草地、花岗岩地、沥青路面、塑胶场地,以及重点监测点,如加速器环厅周围和东区高放射源存放点等区域。

(2) 按照要求,每一小组要完成指定地点的测量任务,利用智能手机自带的定位功能确定经纬度。

2. 仪器设置

采样时间:测量的最小时间间隔,单位是秒。选择范围:1～1000 s。本实验中设定采样时间为 10 s。

采样次数:单个循环的采样个数。选择范围:1～100 次。每次循环的测量时间 = 采样时间×采样次数。本实验中设定采样次数为 10 次。

循环次数:单个循环的重复次数。选择范围:1～1000次。总的测量时间＝采样时间×采样次数×循环次数。本实验中设定循环次数为3次。

3. 实验测量

将探头固定在三脚架上,保证探头距地面1m高,连接信号线,打开剂量率仪,并预热15min。设置相关实验参数后开始正式测量,并现场记录仪器读数、平均值等(本次测量的测量值暂不考虑扣除天然本底)。

4. 数据处理

根据每台仪器的检定证书,仪器读数乘以相对应的校准因子得出实际测量值。

首先记录每个测量地点的地表γ辐射空气吸收剂量率,然后根据《环境地表γ辐射剂量率测定规范》(GB/T 14583—93),环境γ辐射对居民产生的有效剂量当量可用下式进行估算:

$$H_e = D_r \times K \times t$$

式中,H_e为有效剂量当量,单位:Sv;D_r为环境地表γ辐射空气吸收剂量率,单位:Gy/h;K为有效剂量当量率与空气吸收剂量率比值,本标准采用0.7Sv/Gy;t为环境中停留时间,单位:h。

根据前面"测量位置"(2)中的要求,利用Surfer软件绘制测量区域地表γ辐射空气吸收剂量率等高线图。通过绘制地表γ辐射空气吸收剂量率等高线图可以比较宏观地了解我们所测区域的剂量率分布。

5.5　注 意 事 项

(1) 仪器包装箱打开后要仔细检查仪器的整套部件是否齐全和完好。

(2) 仪器使用之前要仔细阅读说明书,清楚后再进行实际操作。

(3) 探测器绝对不能在使用时随便打开曝光,否则会使整个仪器损坏;探头尾部(有信号线插头部分)绝对不能打开,否则仪器会损坏。

(4) 测量时首先将信号线轻轻地拧入探头尾部信号线插座中。

(5) 防止探头剧烈冲击,使用时要轻拿轻放。

(6) 结束测量时应关闭电源,防止电池的功率消耗。

(7) 妥善保管仪器,并按时归还。

(8) 注意安全。首先注意人身安全,严禁下水测量;其次注意保护好仪器,固定好支架后再安装仪器,确保仪器安装牢固。

5.6 实 验 要 求

（1）实验前根据本书和相关材料预习实验内容。

（2）完成要求的测量任务时，需要记录的数据有：位置经纬度坐标、仪器读数、地表 γ 辐射空气吸收剂量率、现场照片、测量地点地质环境等。将测量结果整理成 Excel 表格。

5.7 实 验 报 告

将实验数据记录在表 5.1 中，形成实验报告。

表 5.1 数据记录 Excel 表格

经度 （度分秒）	纬度 （度分秒）	仪器读数 （10^{-8} Gy/h）	变异系数	刻度因子	地表 γ 辐射空气 吸收剂量率 （10^{-8} Gy/h）	地质情况 （如草地、 大理石等）	测量时间 （年月日）

5.8 思 考 题

（1）对实验所得不同地点环境地表 γ 辐射空气吸收剂量率进行比较和分析，说明不同地点差异的可能原因；

（2）计算环境 γ 辐射对居民产生的有效剂量当量。

实验 6　空泡份额实验

6.1　实　验　目　的

（1）通过预习系统掌握核工程空泡份额实验相关内容。

（2）基本掌握空泡份额的测量方法，掌握运用本学期所学理论知识解决实际问题的途径和方法。

（3）掌握基本的测量方法，即直接法和间接法；同时，提升实验技能并提高数据处理的基本能力。

6.2　实　验　原　理

6.2.1　空泡份额的定义

空泡份额是气液两相流的基本参数之一，在两相流的研究中处于重要地位（压降计算，蒸汽发生器的再循环倍率、反应堆冷却剂及慢化剂密度的计算，堆芯中子动力学和堆的稳定性）。空泡份额的定义为：单位时间内，流过通道某一截面的气液两相流体积中，气相体积所占的比例份额。其计算公式如下：

$$\alpha = \frac{A''}{A} = \frac{A''}{A' + A''}$$

式中，A 为管道总的截面积；A' 为管道截面液体面积；A'' 为管道截面气体面积。在稳定流动的情况下，等截面流道的任意截面中，α 均相等，即 A，A'，A'' 均为常数。从而有

$$\alpha = \frac{A''}{A} = \frac{A'' \Delta L}{A \Delta L} = \frac{\Delta V''}{\Delta V}$$

式中，ΔL 为沿着流动方向的一段管长；$\Delta V''$ 为存在于该 ΔL 管中气相的容积；ΔV 为存在于该 ΔL 管中气液两相的总容积。若在稳定流动的条件下，我们知道气体流量 Q_g 和液体流量 Q_1，则有

$$\alpha = \frac{Q_g}{Q_g + Q_1}$$

6.2.2 两相流流型

在两相流流动中,随着气液两相流速和流量的不同,呈现不同的流态,如泡状流、塞状流、层状流、波状流、弹状流、环状流等多种流态。流态示意图如图 6.1 所示。

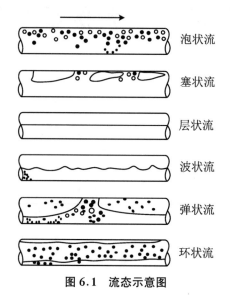

图 6.1 流态示意图

定义气液两相折算速度如下:

$$v_{g0} = \frac{Q_g}{A}, \quad v_{l0} = \frac{Q_l}{A}$$

式中,Q_g 为气体流量;Q_l 为液体流量;A 为横截面总面积。

为了定性地获得流态和气体、液体流动间的关系,可以参考图 6.2 所示的维斯曼流型图。

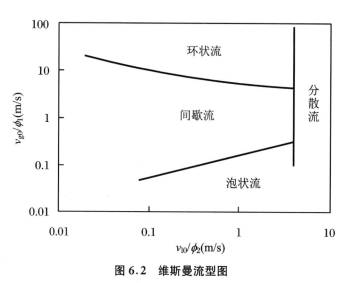

图 6.2 维斯曼流型图

6.2.3 空泡份额的测量——直接法

利用高速摄像机拍摄大量图片,并进行编程处理,直接求出气相体积占气液两相总体积之比。

6.2.4　空泡份额的测量——间接法

如图 6.3 所示,射线穿过两相混合物的截面后为探测器记录强度值。由于气体和水对于射线的阻隔能力不同,故而可由射线通过两相混合物后的强度来计算水相体积和气相体积。具体推导如下:当射线穿透物质时满足单能射线遵守的指数衰减规律,即射线的初始强度和进入物质一定厚度后的强度关系为

$$I = I_0 e^{-\mu Z} \quad \text{或} \quad \ln\frac{I_0}{I} = \mu Z$$

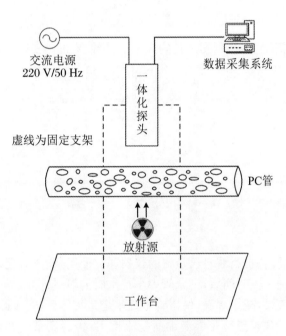

图 6.3　间接测量系统图

式中,I_0 为衰减前的射线强度;I 为透过物质后的强度;μ 为物质的吸收系数;Z 为物质的厚度。近似认为物质的吸收系数只与物质的密度成正比,即 $\mu = \mu_1\rho$,则有(以下公式中,气体相关的参数加"'",液体相关的参数加"''",下标 m 表示气液两相混合物。I 为射线强度;N 为探测器扣除本底后探测到的计数。)

$$\ln\frac{I_0}{I} = \mu_1\rho Z$$

当管道中全是液体时:

$$\ln\frac{I_0}{I''} = \mu_1\rho'' Z$$

当管道中全是气体时:

$$\ln\frac{I_0}{I'} = \mu_1\rho' Z$$

当管道中是气液两相混合物时:

$$\ln\frac{I_0}{I_m} = \mu_1\rho_m Z$$

由以上三式可以得到

$$\frac{\ln \dfrac{I''}{I'}}{\ln \dfrac{I_m}{I'}} = \frac{\rho'' - \rho'}{\rho_m - \rho'}$$

又有

$$\rho_m = \alpha \rho'' + (1 - \alpha)\rho$$

故

$$\alpha = \frac{\rho'' - \rho'}{\rho_m - \rho'} = \frac{\ln \dfrac{I''}{I'}}{\ln \dfrac{I_m}{I'}}$$

在几何条件等不变的情况下,探测器测得的光子的计数 N 正比于射线强度,所以有

$$\alpha = \frac{\ln \dfrac{N_m}{N''}}{\ln \dfrac{N'}{N''}}$$

6.3 实 验 步 骤

(1) 到达实验室后,各自查看自己负责的仪器如何使用,检查有无损坏。

(2) 在注满水冲洗一段时间后,记录管中全是水时的射线计数。

(3) 尽可能开大气泵,减小水泵,使得管中几乎全是气体后,记录此时的射线计数。

(4) 一名同学负责观察流型并参考维斯曼流型图,告诉调节气泵和水泵的同学如何调节。在判断接近想要流型且流型基本稳定后,用高速摄像机记录的同时,负责测量射线强度的同学也开始记录。

(5) 得到足够的数据后,保存数据到 U 盘,整理仪器,离开实验室。

6.4 实 验 报 告

6.4.1 数据处理与分析(示例)

间接测量空泡份额的原始数据见表 6.1(表 6.1 中层状流水流量的缺失是由于记录人员漏记了数据,故层状流不予分析),直接测量的原始数据只选几张典型的图片(图 6.4～图 6.8)来表征。

表 6.1　间接测量空泡份额的原始数据

流型	水流量(m³/h)	气流量(m³/h)	探测器计数(个)	扣除本底 16124 后
全是气	0	尽可能大	30340	14216
全是水	尽可能大	0	29616	13492
泡状流	3.18	1.08	29665	13541
层状流	漏记	0.29	29870	13746
弹状流	2.3	0.29	16124	13630
塞状流	1.5	0.305	29703	13579
波状流	0.7	0.39	29866	13742

图 6.4　泡状流的截图

图 6.5　层状流的截图

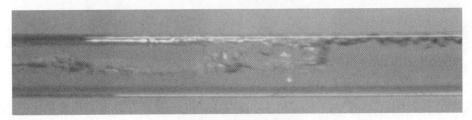

图 6.6　弹状流的截图

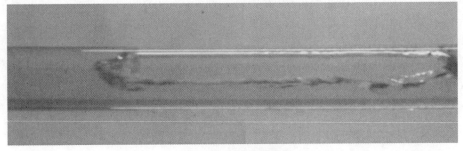

图 6.7　塞状流的截图

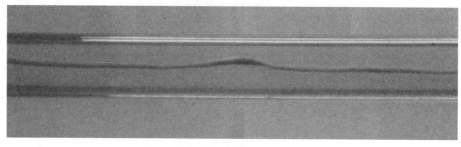

图 6.8　波状流的截图

6.4.2　数据处理方法(示例)

我们选取波状流、弹状流、塞状流作为分析对象。由于我们假设所有流态均为稳定流动,故有三种求法:

(1) 利用气体流量和液体流量来求空泡份额;

(2) 利用射线强度来间接求空泡份额;

(3) 利用摄像机拍到的图片来直接求空泡份额。

利用气体流量和液体流量来求空泡份额的公式如下:

$$\alpha = \frac{Q_g}{Q_g + Q_l}$$

式中,Q_g 为气体流量;Q_l 为液体流量。

利用射线强度来间接求空泡份额的公式如下:

$$\alpha = \frac{\ln \dfrac{N_m}{N''}}{\ln \dfrac{N'}{N''}}$$

式中,N_m 为通过气液两相混合流射线计数;N'' 为通过纯液相射线计数;N' 为通过纯气相射线计数。

利用摄像机拍到的图片来直接求空泡份额的步骤如下:利用 OpenCV + Python,可对实验所得视频进行处理,提取出关键帧图片;将提取的图片进行灰度化、二值化,得到气液分界面的位置;进而得到相应的截面含气率(空泡份额)。具体流程如下:

1. 视频关键帧提取

考虑到拍摄的视频较长,帧率较高,有两种思路可供选择:一种是利用帧间差分的办法实现关键帧提取;另一种是在视频处理软件中手动判别关键帧。考虑到前一种方法的编程难度和周期性关键帧选取存在不足,故采用后一种办法,对不同流态的视频,提取数十张关键帧照片,待进一步处理。

2. 图片预处理

灰度化:利用 OpenCV 中"cv2. cvtColor"函数,可以很容易地将 RGB 通道转换为"GRAY",便于下一步二值化处理。

```
1    cv2.cvtColor(img,cv2.COLOR_BGR2GRAY)
```

二值化:将上一步得到的灰度图片,利用"cv2. threshold"函数,选取恰当的阈值,可将灰度图片转换为二值化图片(图6.9)。

```
1        cv2.threshold(gray,200,255,cv2.THRESH_BINARY)
```

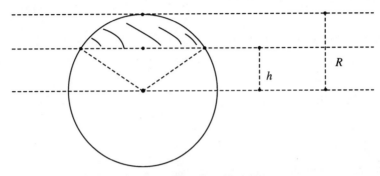

图 6.9 空泡份额计算示意图

图片截取:考虑到光暗条件,可对图片进行截取,再进行相关处理。

分界面寻找:利用像素点灰度值差异,寻找分界面上夺得的像素点坐标,再求出气液分界面在截面的投影像素沿铅直方向的中间点,以中间点作为分界面近似。

空泡份额计算:由分界面求出空泡份额。

$$\alpha\left(\frac{h}{R}\right) = 1 + \frac{1}{\pi}\left\{\sin\left[2\arccos\left(2\frac{h}{R} - 1\right)\right]/2 - \text{acrcos}\left(2\frac{h}{R} - 1\right)\right\}$$

我们关心的是整体的空泡份额,沿管道取一定长度作为我们研究的部分,这一长度沿管道方向的所有中间线上的像素在截面的铅直位置比例为$\left(\frac{h}{R}\right)_i$,则可求出这一段管道的空泡份额为

$$\alpha_L = \frac{1}{n}\sum_{i=1}^{n}\left[\alpha\left(\frac{h}{R}\right)_i\right]$$

3. 处理实况

以弹状流某一帧处理为例,如图6.10所示。

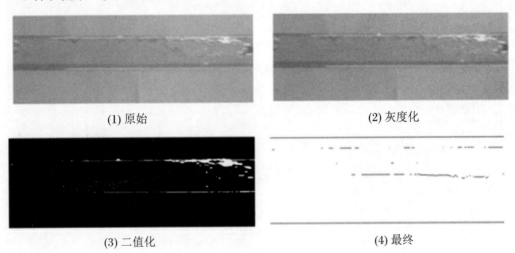

(1) 原始   (2) 灰度化

(3) 二值化   (4) 最终

图 6.10 图片处理示意图

4．Python 源码

Listing 1: **img read and plot.py**

```
1   '''
2   Author: LxG
3   Date: 2021-01-17 14:04:51
4   LastEditors: LxG
5   LastEditTime: 2021-01-17 14:04:52
6   FilePath: \python_image\report\img_operation_v1.py
7   '''
8   '''
9   Author: LxG
10  Date: 2021-01-17 14:04:51
11  LastEditors: LxG
12  LastEditTime: 2021-01-17 14:04:51
13  FilePath: \python_image\report\img_operation_v1.py
14  '''
15  # To add a new cell, type '# %%'
16  # To add a new markdown cell, type '# %% [markdown]'
17  # %%
18  import cv2
19  import numpy as np
20  from matplotlib import pyplot as plt
21  import os
22
23  def ratio(img1,img2):
24      x_max,y_max=img1.shape
25      t,s=0,0
26      for y in range(y_max):
27          t1,t2,x1,x2=0,0,0,0
28          for x in range(1,x_max-1):
29              px=img1[x,y]
30              if px==0:
31                  t2=t2+1
32                  if img1[x-1,y]==255 and x>0:
33                      x2=x
34                  if img1[x+1,y]==255:
35                      if t1<t2:
36                          t1,x1=t2,x2
37                      t2,x2=0,0
38          img2[ int(x1+t1/2),y]=0
39          d=np.arccos(2*(x1+t1/2)/x_max-1)
40          t=t+1+(np.sin(2*d)/2-d)/np.pi
41          s=s+1
42      result=t/s
43      return img2,result
44
```

```
45  flowname=["bozhuang_flow","saizhuang_flow","tanzhuang_flow"]
46  path=os.getcwd()
47  for n in range( len(flowname)):
48      files=os.listdir(path+"/img_orignal/"+flowname[n]+"/")
49      print(path)
50      a=[]
51      for filename in files:
52          #print(filename)
53
54          img=cv2.imread(path+"/img_orignal/"+flowname[n]+"/"+filename)
55          #img=read(path+"/img_orignal/"+flowname[n]+"/"+filename)
56          #灰度化处理
57          gray=cv2.cvtColor(img,cv2.COLOR_BGR2GRAY)
58
59          cv2.imwrite("./gray/"+flowname[n]+"/"+filename,gray)
60          #二值化阈值处理
61          ret,img2=cv2.threshold(gray,200,255,cv2.THRESH_BINARY)
62          cv2.imwrite("./binary/"+flowname[n]+"/"+filename,img2)
63          #手动截取图片,由于原始截取图片较小,此步可可略去
64          x0,y0=img2.shape
65          #img3=img2[275:540,400:y0]
66          img3=img2[:,:]
67          x0,y0=img3.shape
68          cv2.imwrite("./binary2/"+flowname[n]+"/"+filename,img3)
69          img4=cv2.imread("./binary2/"+flowname[n]+"/"+filename)
70          for i in range(x0):
71              for j in range(y0):
72                  if i==0 or i==x0-1:
73                      img4[i,j]=0
74                  else:
75                      img4[i,j]=255
76          img4,result=ratio(img3,img4)
77          cv2.imwrite("./result/"+flowname[n]+"/"+filename,img4)
78          a.append(result)
79      sum=0
80      for i in range( len(a)):
81          sum= sum+a[i]
82      print(flowname[n]+"的空泡份额为: "+ str( sum/( len(a)+1)))
83
84
85
86  # %%
```

6.4.3　误差分析

利用图片处理的直接法由于每种流态只取数十张照片(波状流 24 张,弹状流 39 张,塞状流 30 张),故而误差大,其中波状流周期性较强,故而最为准确;而弹状流周期性较差,故而 39 张不足以描述其流动状态。

实际上,流动并不完全符合稳定流动的要求。我们处理图片时近似认为沿径向无凹凸变化,实际上由于表面张力的影响并非如此。由于发生了折射,因此图片中点的位置可能有略微移动。

6.5 思 考 题

（1）空泡份额和哪些因素有关？

（2）间接法和直接法的误差来源有哪些？

（3）如何减小测量带来的误差？

实验7 铁碳合金的金相组织观察

7.1 实 验 目 的

（1）掌握通过观察金相判断常见金属材料种类的方法；

（2）掌握金相样品的制备流程，可独立制备金相样品；

（3）了解淬火和回火热处理过程，并掌握铁素体马氏体钢回火态和淬火态的判断方法；

（4）理解热处理对金属材料结构和性能的影响。

7.2 实 验 原 理

7.2.1 铁碳平衡相图

铁碳平衡相图（图7.1）是研究铁碳合金的基础。它是研究铁碳合金的成分、温度和组织结构之间关系的图形，也是制定各种热加工工艺的依据。

简化的铁碳平衡相图如图7.2所示，其中主要特性点的温度、含碳量及其含义见表7.1。

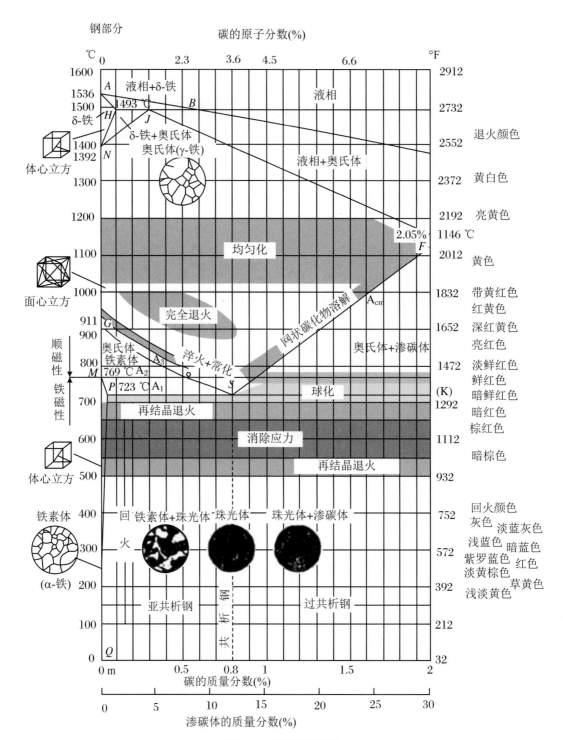

图 7.1 铁碳平衡相图

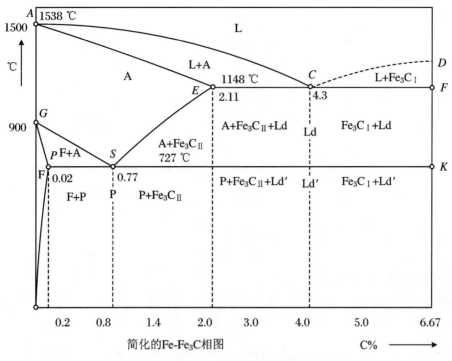

图 7.2　简化的铁碳平衡相图

表 7.1　铁碳平衡相图(图 7.2)中主要特性点的温度、含碳量及其含义

特性点	温度(℃)	含碳量(%)	说　明
A	1538	0	纯铁熔点
C	1148	4.30	共晶点
D	1227	6.69	渗碳体熔点
E	1148	2.11	碳在 γ-Fe 中的最大溶解度
F	1148	6.69	共晶转变线与渗碳体成分线的交点
G	912	0	α-Fe $\longleftrightarrow$ γ-Fe 同素异构转变点(A_3)
K	727	6.69	共析转变线与渗碳体成分线的交点
P	727	0.0218	碳在 α-Fe 中的最大溶解度
S	727	0.77	共析点

铁碳平衡相图(图 7.2)中的主要特性线及其含义见表 7.2。

表 7.2　铁碳平衡相图(图 7.2)中的主要特性线及其含义

特性线	说　明
ACD	液相线
AECF	固相线
ECF	$L_C \longleftrightarrow A + Fe_3C$ 共晶转变线
PSK	$L_S \longleftrightarrow F + Fe_3C$ 共析转变线(A_1)

续表

特性线	说　明
ES	碳在 A 中的溶解度线（A_{cm}）
GS	A ←→ F 转变开始（终了）温度线（A_3）

ACD 线:液相线,在此线以上的区域为液相,合金液冷却到此线时开始结晶。

AECF 线:固相线,合金液冷却到此线时结晶完毕,此线以下为固相区。

ECF 线:共晶线,是一条重要的水平线,温度为 1148 ℃。液态合金冷却到此线时,在恒温条件下,将从液体中同时结晶出奥氏体和渗碳体的机械混合物,即发生共晶反应:

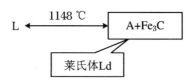

所形成的共晶体为莱氏体。

PSK 线:共析线,代号 A_1,也是一条重要的水平线,温度为 727 ℃。合金冷却到此线时,从奥氏体中同时析出铁素体和渗碳体的机械混合物,即发生共析反应:

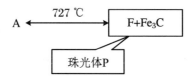

所形成的共析体为珠光体。

ES 线:代号 A_{cm},是碳在奥氏体中的溶解度线。在 1148 ℃ 时奥氏体中的溶碳能力最大为 2.11%,随着温度降低,溶解度沿此线降低,而在 727 ℃ 时仅为 0.77%C,所以含碳量大于 0.77% 的铁碳合金,自 1148 ℃ 冷至 727 ℃ 的过程中,由于奥氏体含碳量的减少,将从奥氏体中析出二次渗碳体(Fe_3C_{II}),以区别于自液体中结晶出的一次渗碳体(Fe_3C_I)。

GS 线:代号 A_3。奥氏体冷却到此线时,开始析出铁素体,使奥氏体含碳量沿此线向 0.77% 递增。

铁碳平衡相图(图 7.2)中的主要相区见表 7.3。

表 7.3　铁碳平衡相图(图 7.2)中的主要相区

相区	存在的相	相数
ACD 线以上	L(液相)	单相区
AESGA	A	单相区
AEC	L + A	二相区
DFC	L + Fe_3C_I	二相区
GSP	A + F	二相区
ESKF	A + Fe_3C	二相区
PSK 线以下	F + Fe_3C	二相区

7.2.2　钢和生铁的划分

E 点(图 7.2)是钢与生铁成分的分界线,E 点左边的铁碳合金称为钢(含碳量小于 0.0218%的称为纯铁),E 点右边的称为生铁。铁碳合金分类如图 7.3 所示。

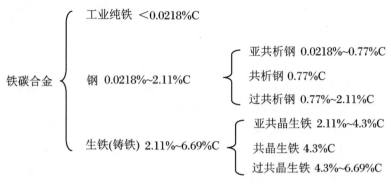

图 7.3　铁碳合金分类

1. 工业纯铁(<0.0218%C)

常温组织为铁素体(F),三次渗碳体(Fe_3C_{III})数量极少,经常忽略。

2. 钢(0.0218%～2.11%C)

钢的共同特点是在 $AESG$ 区域中全是 A 组织,当温度下降时,A 发生如下的转变:若钢的含碳量等于 0.77%,A 在 727 ℃时全部转变为珠光体,即 A→P;若含碳量小于 0.77%,则 A 在 GS 线首先析出 F,冷却到 PSK 线时剩余的 A 发生共析反应转变为 P,最后的组织为 F＋P;若含碳量大于 0.77%,则 A 在 ES 线首先析出二次渗碳体,冷却到 PSK 线时 A 发生共析反应变成 P,最后的组织为 P＋Fe_3C_{II}。所以根据 A 析出的情况,钢可分为三种:

亚共析钢(0.0218%～0.77%C):常温组织为 F＋P;

共析钢(0.77%C):常温组织为 P;

过共析钢(0.77%～2.11%C):常温组织为 P＋Fe_3C_{II}。

3. 生铁(铸铁)(2.11%～6.69%C)

生铁的共同特点是在 ECF 线上都有共晶反应,都有莱氏体的组织存在。生铁也分为三种:

亚共晶生铁(2.11%～4.3%C):常温组织为 P＋Fe_3C_{II}＋Ld′;

共晶生铁(4.3%C):常温组织为 Ld′;

过共晶生铁(4.3%～6.69%C):常温组织为 Fe_3C_I＋Ld′。

在 727～1148 ℃之间的莱氏体是 A 与渗碳体组成的混合物,在 727 ℃以下的莱氏体是 P 与渗碳体组成的混合物,莱氏体的性能基本上与渗碳体相同。因此,上述这三种不同组织的铸铁统称为白口铸铁。

7.2.3　热处理原理

1. 淬火

将钢加热到临界温度 Ac3(亚共析钢)或 Ac1(过共析钢)以上某一温度,保温一段时间,使之全部或部分奥氏体化,然后以大于临界冷却速度的冷速快冷到马氏体以下(或马氏体附近等温),进行马氏体(或贝氏体)转变的热处理工艺。

2. 回火

将淬火钢加热到奥氏体转变温度以下,保温 1~2 h 后冷却的工艺。回火往往与淬火相伴,并且是热处理的最后一道工序。经过回火,钢的组织趋于稳定,淬火钢的脆性降低,韧性与塑性提高,消除或者减少淬火应力,稳定钢的形状与尺寸,防止淬火零件变形和开裂,高温回火还可以改善切削加工性能。

3. 过冷奥氏体等温转变曲线(C 曲线)

过冷奥氏体(指加热保温后形成的奥氏体冷却到临界点 Ar1 以下时,尚未转变的奥氏体)等温转变动力学曲线是表示不同温度下过冷奥氏体转变量与转变时间关系的曲线。由于通常不需要了解某时刻转变量的多少,而比较注重转变的开始和结束时间,因此常常将这种曲线绘制成温度-时间曲线,简称 C 曲线。C 曲线是过冷奥氏体转变的动力学图。从图 7.4 中可以看出过冷奥氏体转变的组织和性能可以分为 3 个区:珠光体(由铁素体和渗碳体相间而成的片状或粒状混合物)型转变区(A₁~550 ℃)、贝氏体(由铁素体和渗碳体组成的机械混合物,但不是层片状)型转变区(在 240~550 ℃ 之间,其中又以 350 ℃ 左右为界,分为上、下贝氏体两个转变区)、马氏体(碳在体心立方 α-Fe 中的过饱和固溶体)型转变区(Ms-Mf)。

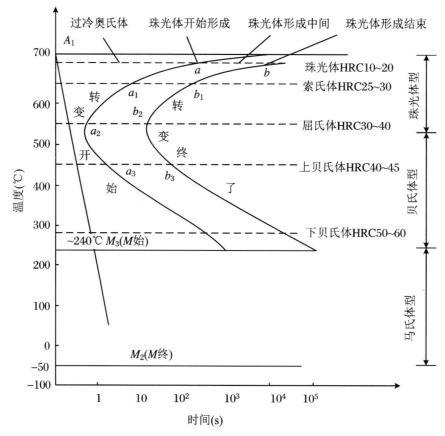

图 7.4 过冷奥氏体等温转变曲线(C 曲线)

7.2.4　马氏体相变

当过冷奥氏体以大于临界淬火速度冷却到马氏体生成温度以下时,便产生马氏体,温度将至转变终止温度时,即不再产生马氏体。马氏体是无扩散的、晶格切变相变。马氏体分为两类:

(1) 片状马氏体(针状或竹叶状马氏体,高碳马氏体):主要出现在高碳钢中,特点是硬而脆,淬火应力大,易出现裂纹;

(2) 板条状马氏体(位错马氏体,低碳马氏体):主要出现在低碳钢中,有析出强化和改善韧性的功能,如实验中所使用的中国低活化马氏体钢(CLAM)。

7.2.5　金属显微组织结构

1. 共析钢的显微组织

共析钢的结晶过程示意图如图 7.5 所示。当液态合金温度降到 1 点以后,开始结晶出奥氏体,直至 2 点结晶完毕。在 2～3 点之间是单相奥氏体的冷却。当温度降到 3 点(S 点)时,奥氏体在恒温下发生共析反应,形成珠光体。温度继续下降至室温,珠光体不再发生组织变化,所以共析钢室温时的平衡组织为珠光体。图 7.6 为共析钢的显微组织。

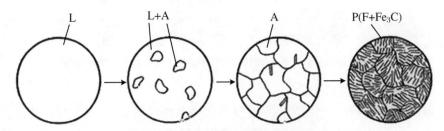

图 7.5　共析钢的结晶过程示意图

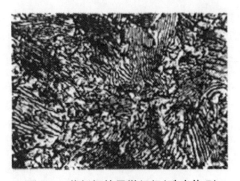

图 7.6　共析钢的显微组织(珠光体 P)

2. 亚共析钢的显微组织

亚共析钢的结晶过程示意图如图 7.7 所示。当温度降到 1 点以后,开始从合金液中结晶出奥氏体,奥氏体的数量随温度的降低而逐渐增多。温度降到 2 点,合金液全部凝固,在 2～3 点之间是单一奥氏体冷却。温度降到 3 点后,从奥氏体中不断析出铁素体。温度降到 4 点,剩余的奥氏体在恒温下转变成珠光体。4 点以下不再发生组织变化,所以亚共析钢的室温平衡组织是由铁素体和珠光体组成的。其显微组织如图 7.8 所示。亚共析钢中含碳量愈高,铁素体愈少,而珠光体量则愈多,反之亦然。

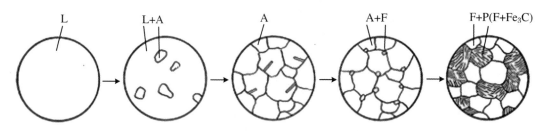

图 7.7 亚共析钢的结晶过程示意图

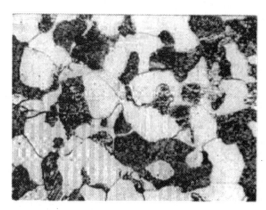

图 7.8 亚共析钢的显微组织(黑色为珠光体 P + 白色为铁素体 F)

3. 过共析钢的显微组织

过共析钢的结晶过程示意图如图 7.9 所示。当温度降到 1 点以后,开始从合金液中结晶出奥氏体,直到 2 点结晶完毕。在 2~3 点之间为单相奥氏体。到 3 点时从奥氏体中析出二次渗碳体。随着温度的下降,析出的二次渗碳体不断增加,奥氏体的数量与含碳量却逐渐减少。4 点时,剩余的奥氏体进行共析反应,生成珠光体。4 点以后组织不再发生变化,所以过共析钢的室温平衡组织是由珠光体和呈网状的二次渗碳体组成的。其显微组织如图 7.10所示。

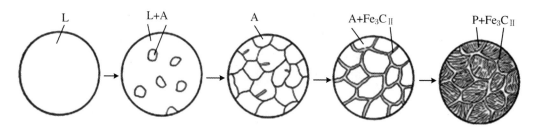

图 7.9 过共析钢的结晶过程示意图

图 7.10　过共析钢的显微组织(黑色为珠光体 P + 白色网状为二次渗碳体 Fe₃C_{II})

7.3　实 验 器 材

(1) RAFM 钢样品 2 个(一个用于观察淬火态金相,一个用于观察回火态金相)。

(2) XQ-2B 型金相试样镶嵌机(试样规格 Φ22 mm×15 mm)1 台,金相试样镶嵌粉若干;YM-1 型金相试样预磨机(磨盘直径 250 mm,磨盘转速 700 r/min)1 台,与金相试样预磨机磨盘直径相当的 120♯,600♯,800♯,1200♯砂纸若干;P-1 型金相试样抛光机(抛盘直径 200 mm,抛盘转速 1400 r/min)1 台,人造金刚石研磨膏若干;硝酸酒精溶液(硝酸、酒精按 10 mL∶100 mL 的比例配成);酒精,镊子,脱脂棉,吹风机等。

(3) 4XC 型金相显微镜(目镜为 10 倍,物镜为 10 倍、20 倍、40 倍、100 倍 4 种)1 台,CCD 相机,电脑及金相检验软件。

(4) 常见金属材料金相标样,常见金属材料金相图谱。

7.4　实 验 内 容

(1) 通过镶嵌、研磨、抛光及腐蚀等步骤,制备金相样品;

(2) 通过金相显微镜观察不同热处理状态的铁素体马氏体钢材料的金相组织并加以区分。

7.5 实 验 步 骤

1. 对样品进行预处理

取出样品,并用 120♯粗砂纸将切割产生的锋利棱角磨去,以免在后续研磨和抛光过程中划破砂纸和抛光布。

2. 镶嵌

(1) 将镶嵌机定时器指向 ON 位置,打开电源开关,将镶嵌温度设定为 130 ℃,设定好以后将定时器指向 OFF 位置;

(2) 顺时针转动手轮,将下模升起,将样品放在下模上表面的中心位置上,再逆时针转动手轮,将下模下降到极限位置;

(3) 在钢模套腔内加入 4~5 勺金相试样镶嵌粉,放上上模;

(4) 合上盖板,将定时器设定为 7~8 min,然后顺时针转动手轮,使下模上升到压力指示灯亮(在加热过程中,由于镶嵌粉末体积会缩小,钢模套中的压力下降,压力指示灯熄灭,此时要继续顺时针转动手轮加压至灯亮);

(5) 等到钢模套腔内的温度达到设定温度 130 ℃,定时器指向 OFF 位置后,逆时针转动手轮使下模下降,向上旋起八角旋钮和螺杆,顺时针转动手轮,将试样顶起,听到"嘭"的一声,确认卸除压力;

(6) 松开八角旋钮和圆压盖,再顺时针转动手轮,顶出试样;

(7) 取下试样,将试样放在冷水下冲洗冷却。

3. 研磨

(1) 在金相试样预磨机的磨盘中装入 600♯砂纸,打开调节水阀旋钮让水不停地流入磨盘,但是水量不宜过大,保证连续不断地流入即可;

(2) 按下预磨机开关按钮,磨盘开始旋转工作,此时可以把镶嵌好的样品放入磨盘中开始研磨,在研磨过程中用手固定好样品,使样品稳定地与磨盘砂纸面接触;

(3) 研磨中每隔一段时间要取出样品,看看样品表面的情况,选择一个合适的方向进行研磨,最后磨至样品表面平整,即可换 800♯砂纸继续研磨;

(4) 关闭调节水阀旋钮,按下预磨机开关按钮,磨盘停止旋转,取下 600♯砂纸,用抹布擦干磨盘表面,装上 800♯砂纸,并将样品表面冲洗干净;

(5) 重复(1)~(4)步(800♯砂纸可以将样品表面磨得更平整,划痕变得更细);

(6) 换上 1200♯砂纸,重复(1)~(4)步(1200♯砂纸可以使样品表面划痕变得很精细)。

4. 抛光

(1) 取出抛光布,将其粘在抛盘上,盖上防溅盖子;

(2) 旋转金相试样抛光机开关旋钮,抛盘开始旋转工作;

(3) 用喷壶向抛盘表面加水,保持抛光布表面湿润,在抛光布上涂抹人造金刚石研磨膏;

(4) 取出研磨好的样品,将表面冲洗干净,放入抛盘中开始抛光,在抛光过程中用手固定好样品,使样品稳定地与抛盘上抛光布面接触;

(5) 在抛光的过程中,要不断地向抛光布表面加水,保持抛光布表面湿润,同时要视样品表面情况,考虑人造金刚石研磨膏的添加量;

(6) 在抛光的过程中,每隔一段时间拿出样品,冲洗表面,看看表面划痕情况,等划痕抛干净,表面成镜面以后,即可以取出样品,将表面冲洗干净,用酒精擦拭表面,吹干,备用。

5. 观察腐蚀前样品表面并拍照

(1) 将经过研磨和抛光的样品放在金相显微镜载物台上,通过调焦旋钮,调节物镜与样品间的距离,对焦,调节视野亮度,在显微镜目镜中观察样品表面情况,此时物镜选择 10 倍的;

(2) 移动载物台,观察样品表面不同位置的情况,以表面没有划痕为最佳;

(3) 打开电脑,双击打开桌面上的金相检验软件,选择录制模式;

(4) 把显微镜调整为接 CCD 模式,点击软件中的播放按钮,在电脑屏幕上观察样品表面,找到最佳位置,点击拍照按钮并保存窗口右侧生成的图片到桌面上的金相照片文件夹中。

6. 腐蚀

(1) 将经研磨和抛光处理好的样品放在玻璃实验台上,用镊子夹取脱脂棉,蘸取酒精,把样品表面擦干净,并用吹风机吹干;

(2) 用镊子夹取脱脂棉,蘸取苦味酸,在样品表面缓慢地擦拭,进行腐蚀,等到样品表面变得模糊的时候,立即拿到自来水下冲洗干净,避免腐蚀过度或者局部腐蚀过度;

(3) 用吹风机将样品表面吹干。

7. 观察金相并拍照

(1) 将腐蚀后的样品放在载物台上,重复 5 中(1)～(3)步,此时物镜选择 40 倍的,拍照时,选择腐蚀适度的晶界清晰的位置拍摄。

(2) 如果在观察中发现腐蚀过浅,可以拿去实验台再腐蚀一次,掌握好腐蚀时间;如果发现腐蚀过深,需要用金相抛光机重新抛光,再重复后面的步骤。

7.6　实　验　报　告

(1) 结合拍摄的不同样品的金相组织结构照片,对比金相图谱分析确定材料的类型及热处理状态;

(2) 通过两种材料的硬度测试,对比两种材料的力学性能,并分析其与微观组织结构的关系。

7.7　思　考　题

(1) 为什么晶界和马氏体板条界更容易被腐蚀显示出来?

(2) 试分析热处理工艺与铁素体钢晶粒尺寸和力学性能间的关系。

实验8　符合法测量放射源活度

8.1　实 验 目 的

(1) 学习符合法测量的基本方法；

(2) 学会用符合法测量放射源的绝对活度。

8.2　实 验 内 容

(1) 调整符合系统参量，选定工作条件，观察各级输出信号波形及其时间关系；

(2) 测量符合装置的分辨时间；

(3) 用 β-γ 符合法测量 ^{60}Co 放射源的绝对活度。

8.3　实 验 原 理

符合测量技术在核物理实验各领域中有着广泛的应用，在核反应的研究中可以用来确定反应物的能量和角分布；在核衰变测量中可以用来研究核衰变机制、级联辐射之间的角关联、短寿命放射性核素的半衰期等。相反，也可以用排斥符合的方法去除影响实验数据测量的事件，称为反符合法。近 30 年来，由于快电子学、多道分析器的发展以及电子计算机在核实验中的应用，符合法已成为实现多参数测量必不可少的实验手段。

1. 符合的分辨时间和偶然符合

探测器输出的脉冲在经放大、整形之后，总是具有一定宽度，当这样的两个脉冲到达符合电路的时间间隔小于这一宽度时，将被当作同时发生的事件记录下来。只有时间间隔大于 τ 的两个脉冲，才能被符合电路分辨为不同时事件，τ 称为符合分辨时间。因此所谓符合事件实际上是指相继发生的时间间隔小于符合分辨时间 τ 的事件。分辨时间 τ 的大小与输入脉冲的形状、持续时间、符合电路的性能有关。

对于大量的独立事件来说,每当在时间间隔 τ 内存在两个独立事件引起的脉冲时,也可能被符合装置作为符合事件记录下来,但是这样的事件不具有时间关联性,这种符合叫作偶然符合。

设有两个独立的放射源 S_1 和 S_2,分别用两符合道的探测器 I 和 II 探测。两组源和探测器之间用足够厚的铅屏蔽隔开。在这种情况下,符合脉冲均为偶然符合。若两道输出均为宽 τ 的矩形脉冲,I 道、II 道的平均计数率分别为 n_1 和 n_2,则偶然符合计数率为

$$n_{rc} = 2\tau n_1 n_2 \tag{1}$$

即

$$\tau = \frac{n_{rc}}{2n_1 n_2} \tag{2}$$

显然,减小 τ 可以降低偶然符合的概率,但是由于辐射进入探测器的时间与输出脉冲前沿之间存在系统性的时间离散,当 τ 太小时又会造成真符合的丢失。

2. 利用测量瞬时符合曲线的方法来测定符合的分辨时间

实验所用的符合测量装置如图 8.1 所示。用脉冲发生器作为信号输入源,人为地改变输入道的相对延迟时间 t_d 时,符合计数率随延迟时间 t_d 的分布曲线称为延迟符合曲线。对于顺发事件,即发生的时间间隔远小于符合的分辨时间 τ 的事件,测得的符合曲线称为瞬时符合曲线,如图 8.2(a)所示。由于标准脉冲发生器产生的脉冲基本上没有时间离散,因此测得瞬时符合曲线为对称的矩形分布。通常把瞬时符合曲线的宽度定义为 2τ,τ 称为电子学分辨时间。

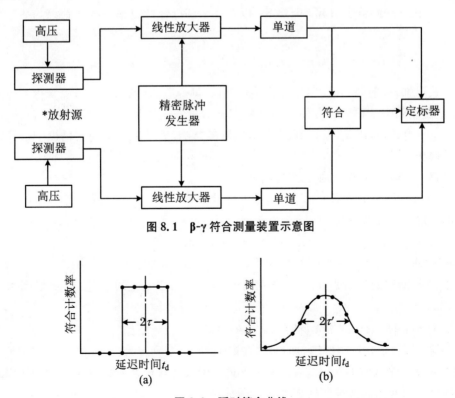

图 8.1　β-γ 符合测量装置示意图

图 8.2　瞬时符合曲线

实际上,由于脉冲前沿的时间离散,用放射源^{60}Co的β-γ瞬时符合信号作瞬时符合曲线的测量,结果如图8.2(b)所示。以瞬时符合曲线的半宽度$FWHM(2\tau')$来定义符合分辨时间。τ'又称为物理分辨时间,在慢符合($\tau \geqslant 10^{-7}$ s)情况下,$\tau' \approx \tau$。

3. β-γ 符合测量放射源绝对活度的方法

^{60}Co衰变时同时放出β和γ射线,称为级联辐射,其衰变纲图如图8.3所示。利用图8.1所示的实验装置进行β-γ符合测量。β探测器用塑料闪烁体探测器,它对γ射线的探测效率很低,只测量β射线。γ探测器用Na(Tl)闪烁体探测器,外面包有铅屏蔽罩,挡掉^{60}Co源放出的β射线,只测量γ射线。待测的放射源放在两个探测器之间。

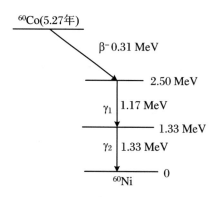

图 8.3 ^{60}Co 衰变纲图

假设放射源^{60}Co的活度为A_0,且$n_{\beta0}$,$n_{\gamma0}$和n_{c0}分别表示β射线在β探测器中引起的计数率、γ射线在γ探测器中引起的计数率,以及β-γ真符合计数率。则放射源的活度可以表示为

$$A_0 = \frac{n_{\beta0} n_{\gamma0}}{n_{c0}} \tag{3}$$

由上式可知,放射源的活度只与两个输入道和符合道的计数率有关,而与探测器的效率无关,这给测量带来了很大的方便。但是从实验测量的角度来看,由于偶然符合计数、本底符合和γ-γ符合计数,以及各道计数本底等因素的影响,为了准确地得到活度A_0,还需进行一系列的修正。

4. β道、γ道和符合道计数的实验测定

β道:直接测量到的计数率n_β中包括本底计数率$n_{\beta b}$和由γ射线引起的计数率$n_{\beta\gamma}$,所以真正的β射线的计数率为

$$n_{\beta0} = n_\beta - (n_{\beta b} + n_{\beta\gamma}) \tag{4}$$

在放射源上加一块适当厚度的铅片挡掉β射线,此时,测得的β道计数率即为$n_{\beta b} + n_{\beta\gamma}$。

γ道:直接测得的计数率n_γ包含本底计数率$n_{\gamma b}$,所以真正的γ射线的计数率为

$$n_{\gamma0} = n_\gamma - n_{\gamma b} \tag{5}$$

本底计数率$n_{\gamma b}$可以通过测量无源时的计数率得到。

符合道:实验中直接测得的总的符合计数率n_c必须减去偶然符合的计数率$2\tau n_\beta n_\gamma$,还要扣除^{60}Co源两个级联的γ射线在β道和γ道中引起的真符合计数率$n_{\gamma\gamma}$,此外还要减去两个道本底计数引起的偶然符合计数率n_{cb},即

$$n_{c0} = n_c - 2\tau n_\beta n_\gamma - n_{\gamma\gamma} - n_{cb} \tag{6}$$

在放射源和 β 探测器之间挡上适当厚度的铝片后(挡掉 ^{60}Co 源放出的 β 射线),符合道测得的符合计数率为 $n_{\gamma\gamma} + n_{cb}$。

由以上分析可得,放射源的活度 A_0 为

$$A_0 = \frac{n_{\beta 0} n_{\gamma 0}}{n_{c0}} = \frac{(n_\beta - n_{\beta b} - n_{\beta\gamma})(n_\gamma - n_{\gamma b})}{n_c - 2\tau n_\beta n_\gamma - n_{\gamma\gamma} - n_{cb}} \tag{7}$$

8.4　实 验 仪 器

(1) FJ367 型和 FJ374 型探头各 1 套;

(2) BH1218 型放大器 2 台;

(3) FH1007B 型单道 2 台;

(4) BH1221 型符(反符)合 1 台;

(5) FH1093B 型定标器 1 台;

(6) BH1283N 型高压电源 2 台;

(7) 精密脉冲发生器 1 台;

(8) FH0001 型 NIM 机箱 1 台;

(9) BH1222 型电源 1 台;

(10) 探头架;

(11) ^{60}Co 放射源(微居级)1 个和 1 mm 厚铝片。

8.5　实 验 步 骤

(1) 按照实验仪器方框图连接各个仪器。

(2) 开机,仪器预热 30 min。

(3) 用精密脉冲发生器作信号源,观察各级输出信号的波形及时间的关系,调节定时单道的延迟,使两道输出信号发生在同一时间。

(4) 调节符合成形时间,使脉冲宽度为 $0.2\sim0.5\ \mu s$。固定符合电路任意道的"延时"于某一中间位置,另一路延迟以 $0.1\ \mu s$ 为步长进行间隔调整,测量各个点的符合计数,直至整个曲线测出,求出电子学分辨时间。

(5) 放置放射源 ^{60}Co,重复步骤(3),测量出瞬时符合曲线,求出物理分辨时间。

(6) 测量 ^{60}Co 源的绝对活度:

① 放上 ^{60}Co 源,测量 n_β,n_γ 和 n_c;

② 在放射源和 β 探测器之间放上铝片,测量 $n_{\beta b}$,$n_{\beta\gamma}$ 和 $n_{\gamma\gamma} + n_{cb}$;

③ 去掉铝片和 ^{60}Co 源,测量 $n_{\gamma b}$。

（7）利用相关公式计算出 ^{60}Co 放射源的活度 A_0。

（8）实验结束后,把放射源放回铅室里,关闭电源。

8.6 思 考 题

（1）^{60}Co 源的绝对活度能否用 γ-γ 符合测量? 它与 β-γ 符合测量活度有什么不同?

（2）本实验中的 γ-γ 符合及本底符合是不是偶然符合?

（3）采用不同的符合成形时间对符合计数有什么影响?

实验 9　高速相机的使用

9.1　实　验　目　的

(1) 了解高速相机的基本原理及用途；

(2) 熟练掌握高速相机的各种功能及其使用方法。

9.2　高速相机 Phantom 基本参数介绍

Phantom v2012 高速相机(图 9.1)的吞吐量超过 20 Gpx，全分辨率帧速率高达 22500 fps。高吞吐量与 FAST* 选项使 v2012 能够在 384×16 分辨率和最小曝光时间 290 ns 下达到 1000000 fps 的速度。

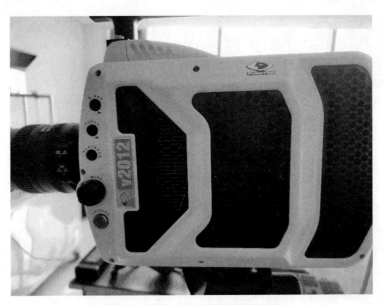

图 9.1　Phantom v2012 高速相机

（1）吞吐量/拍摄速度：

- 22 Gpx/s
- 全分辨率 1280×800 时的最大速度大于 22000 fps
- 低分辨率 128×32 时的最大速度为 1000000 fps（需要受出口管制的 FAST 选件），无 FAST 选件时为 651150 fps
- 以高达 1 Gpx/s 的吞吐量直接录制到 CineMag
- 最小帧速率为 100 fps

（2）传感器参数：

- CMOS 图像传感器
- 1280×800 像素
- 28 μm 像素大小
- 35.8 mm×22.4 mm
- 12 位灰度等级
- TE 和热管冷却
- CAR 以 128×16 的增量递增
- ISO 黑白 32000D；100000T
- ISO 彩色 6400D；10000T
- E.I. 范围 32000～160000D（黑白）；6400～32000D（彩色）

（3）曝光：

- 最小标准曝光时间为 1 μs，FAST 选件（受出口管制）的最小曝光时间为 290 ns
- 全局电子快门
- 极限动态范围（EDR）
- 自动曝光
- PIV 的快门关闭模式

（4）存储：

- 72 GB、144 GB、288 GB 高速内部 RAM
- 用于非易失性存储的 CineMag Ⅳ（1 TB、2 TB）

（5）录制时间：

- 以最大帧速率、12 位、1280×800 分辨率录制到最大内存时为 8.7 s
- 当以较低帧速率直接录制到 CineMag 时，可以获得更长的录制时间

（6）触发：

- 可编程触发位置（前/后触发录制）
- 标配基于图像的自动触发
- 从软件触发
- 硬件触发 BNC

（7）时钟和同步：

- 18 ns 的定时精度
- 帧同步到内部或外部时钟（FSYNC）
- IRIG 输入/输出
- 就绪输出（摄像机就绪并准备好进行录制时信号高）

- 频闪输出(帧曝光时间内较低)

(8) 信号:

- Capture 连接器(可用信号:事件、触发、频闪、就绪、IRIG 输入、IRIG 输出、视频输出、串行端口、电源输出、A-Sync(IBAT 触发)、预触发(Memgate))
- Capture 电缆(就绪、频闪、A-Sync、预触发、视频)
- 与分线盒兼容(IRIG 输入、IRIG 输出、NTSC/PAL 视频、触发、事件、频闪、A-Sync、预触发/Memgate、就绪)(注意:不能从 BoB 为摄像机供电)
- 摄像机机身上专用的 FSYNC、触发、时间码输入、时间码输出和频闪 BNC
- 摄像机机身上的空间数据输入
- 远程端口
- 用于 GPS 定时、经度和纬度的 GPS 输入

(9) 镜头:

- 标配尼康 F 卡口,支持 F & G 式镜头
- 佳能 EOS 卡口可选
- C 卡口可选

(10) 运动分析:

- 通过 Phantom 应用程序进行基本测量
- 距离
- 速度
- 加速度
- 角度和角速度
- 用于目标跟踪的手动和自动点收集
- 兼容第三方解决方案

9.3 高速相机 PCC 软件测量功能介绍

1. 单位设定

在 PCC 软件右上方"Manager"标签下选择 ![icon](Application Preferences)按钮进入菜单,如图 9.2 所示。

选择"Measurement"按钮进入菜单,如图 9.3 所示。

快速选择单位可直接选择"公制"和"英制",如图 9.4 所示。

也可以根据实际测量需要对各个单位进行单独设置,比如距离单位可设置为毫米、米、英寸、尺、像素,如图 9.5 所示。

其他选项如图 9.6 所示。

每个 CINE 文件都有不同的比例,如果选中"Unique scale per application",那么所有的 CINE 文件都用同一个比例尺。

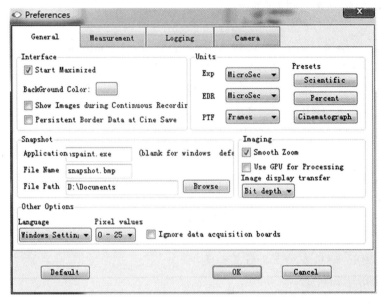

图 9.2

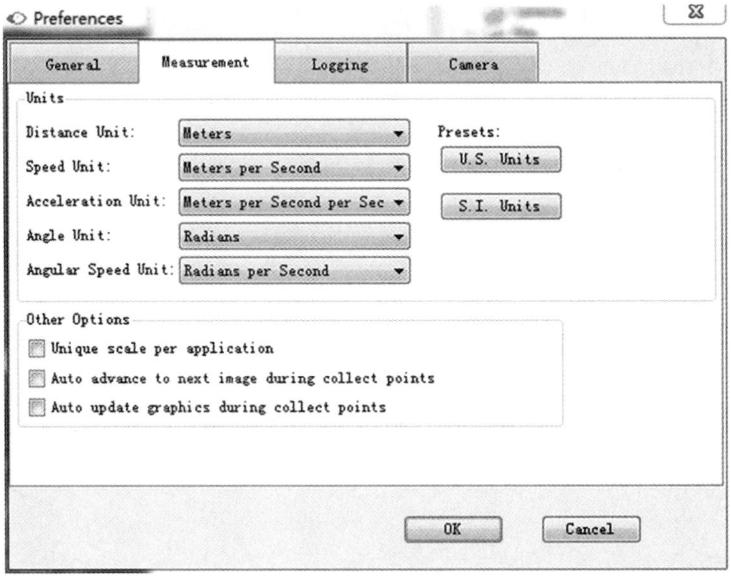

图 9.3

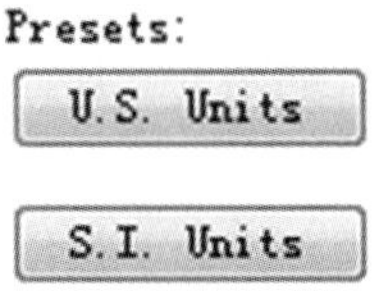

图 9.4

"Auto advance to next image during collect points"表示手动选择点测量时,每选中一个点,图像会自动到下一张图片。

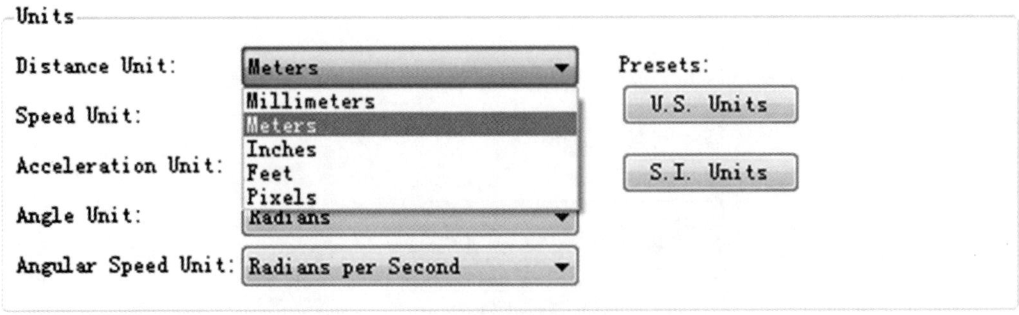

图 9.5

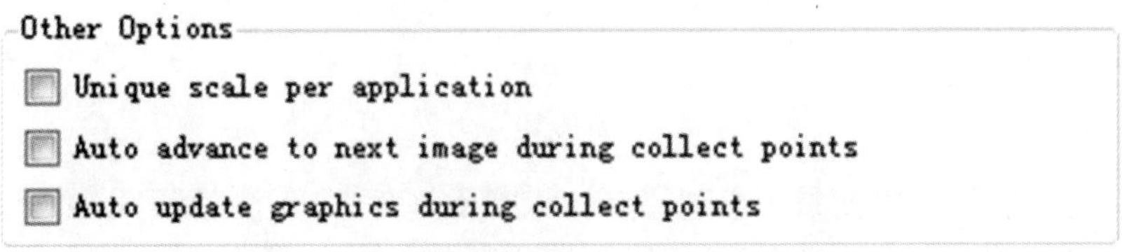

图 9.6

"Auto update graphics during collect points"表示手动选择点测量时,软件自动显示点的轨迹。

2. 标定

设置好测量单位后,需对图像进行标定。

选择"Play"标签下的"Measurements"菜单,如图 9.7 所示。

点击"Calibrate",然后在图中选择已知两点的实际距离,进行标定,如图 9.8 所示。

图 9.7

图 9.8

当提示"Calibration done"时,表示标定完成。"Set to all"表示把标定结果用到其他的CINE 文件。

3. 坐标系

如果不选择建立坐标系,软件默认图像的左上角为坐标原点。点击"Set Origin"设置坐标原点,可以选在图片的任意位置,如图 9.9 所示。

图 9.9

"Default Origin"表示取消原点,"Show"表示在图像中显示坐标系,"Coordinates in m"

显示鼠标在坐标系的位置。

4. 测量

点击"Active"激活测量工具，选择所需的测量方法，如图 9.10 所示。

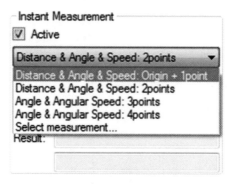

图 9.10

"原点＋1 点测量"可以测量 1 点到原点的距离及角度，"2 点测量"可以测量两点间的距离、角度以及速度、角速度，"3 点测量"可以测量角度及角速度（测量圆心不动的旋转角度及角加速度），"4 点测量"可以测量角度及角速度（测量圆心移动的角度及角加速度）。

选择报告生成位置，如图 9.11 所示，默认格式为. rep 文件，可通过 Excel、Word 等打开。

测量结果显示窗口，如图 9.12 所示，可通过该窗口直接显示和读取结果。

图 9.11

图 9.12

5. 跟踪点

选择跟踪点文件生成位置及跟踪点数，如图 9.13 所示。

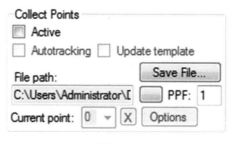

图 9.13

"File path"表示点报告生成位置；"PPF"表示每张图片跟踪点的数量，"1"表示跟踪 1 个点，"2"表示跟踪 2 个点，最多可跟踪 100 个点。

点击"Active"激活跟踪测量工具。

然后在图像中选择要跟踪的点，如图 9.14 中"0"点。如跟踪多点，那么在图中选择多个要测量的点即可，如图 9.15 所示，最多可跟踪 100 个点。

图 9.14

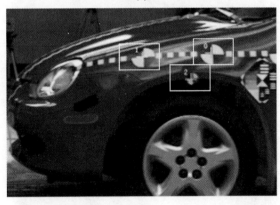

图 9.15

选择"Autotracking"按钮,再点击播放按钮  可对目标点进行自动跟踪,如图 9.16 和图 9.17 所示。

对1个点进行跟踪

图 9.16

对3个点进行跟踪

图 9.17

注意:如果自动跟踪点丢失,可手动添加点,重复上面操作可继续跟踪。

"Current point"表示当前操作几号点,"Options"窗口可对点进行设置,如图 9.18 所示。

图 9.18

"Point 0 Options"表示对当前那个点进行操作,"Autotrack active"表示自动跟踪,"Show rectangles"表示在图像中显示矩形,"Draw point trajectory"显示运动轨迹,"Template area size"表示样板显示矩形区域,"Search area size"表示搜索区域。"Tracking Sensitivity"表示跟踪灵敏度,灵敏度越大跟踪越准确,但越容易丢失;相反,灵敏度越小越容易跟踪,但跟踪准确性下降。

6. 生成曲线

选择导航栏中的  制图按钮,可生成曲线图,如图 9.19 所示。

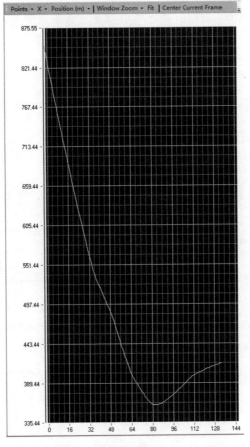

图 9.19

"Points"下拉菜单中选择显示的点,如图 9.20 所示。若有多个点,则下拉菜单内就有多个点。

"X"下拉菜单中选择曲线是基于横坐标还是纵坐标生成的曲线,如图 9.21 所示。

图 9.20

图 9.21

"Position(m)"下拉菜单中选择距离曲线、速度曲线、加速度曲线,如图 9.22 所示。

"Window Zoom"表示调整曲线显示的比例,如图 9.23 所示。

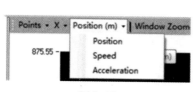

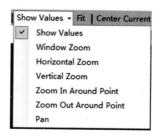

图 9.22

图 9.23

"Center Current Frame"表示自动把当前帧显示到图表中间,如图 9.24 所示。

图 9.24

7. 保存

所有点测量完毕,选择"Save File"保存,如图 9.25 所示。

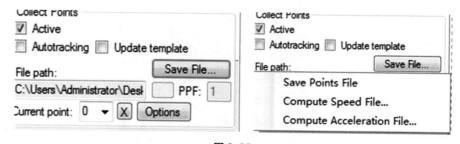

图 9.25

"Save Points File"表示保存点距离文件,"Compute Speed File"表示计算保存速度文件,"Compute Acceleration File"表示计算保存加速度文件。

注意:保存后缀为.psp 文件,该文件可通过 PPT、Word、Excel 及记事本打开。

9.4 思 考 题

(1) 高速相机对测量物有什么要求?

(2) 图像质量好坏的标准是什么?

实验 10　快放大器性能测试

10.1　实　验　目　的

(1) 学习、掌握放大器的上升时间、增益、增益的积分非线性等各项指标的测试方法；

(2) 熟悉实验中所使用仪器的功能，掌握它们的使用方法。

10.2　实　验　原　理

快放大器是指上升时间很小或者频带很宽的放大器，一般上升时间在纳秒量级，因此又称为纳秒放大器，相当于带宽在百兆赫兹以上，增益在几倍到几十倍。在小分辨时间、高计数率、快定时及时间甄别等系统中，快放大器是不可缺少的电路环节。

快放大器通常有快电流放大器或快电压放大器两种，本实验使用的是快电压放大器。

快放大器的主要技术指标是上升和下降时间、放大倍数及其稳定性、积分非线性等。这三项技术指标的测试也是本实验的主要内容。

1. 快放大器阶跃响应上升时间 t_r

由电压放大器输入端输入阶跃信号，其输出端得到的输出称为这个放大器的阶跃响应。当阶跃响应达到稳定后，脉冲波形上升沿从输出幅度的 10% 上升到 90% 所需要的时间称为放大器的阶跃上升时间 t_r。图 10.1 中纵坐标是幅值，单位是稳态幅值的倍数，P_T 是超调量，也就是过冲峰值与稳态值的差。

测试方法：实际中不可能有阶跃信号发生器，所以只能用图 10.2 所示的方法间接测量。测量中，需要考虑示波器的固有上升时间和信号发生器输出脉冲所具有的一定的上升时间。

被测快放大器的上升时间 t_r 可由下式算出：

$$t_r^2 = t_n^2 - t_i^2$$

式中，t_r 为被测快放大器的上升时间；t_n 为示波器上读出的快放大器输出信号（CH2 通道）的上升时间；t_i 为示波器上读出的脉冲信号发生器输出信号（CH1 通道）的上升时间。

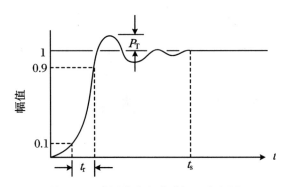

图 10.1　阶跃响应上升时间 t_r 定义图

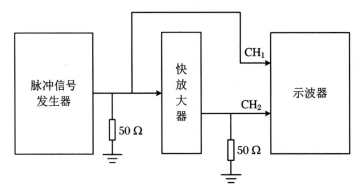

图 10.2　快放大器上升时间及增益测量

2. 快放大器增益

在快放大器线性范围内,电压增益满足

$$A = \frac{V_o}{V_i}$$

式中,V_o 为快放大器输出脉冲幅度;V_i 为放大器输入脉冲幅度。测试方法同样如图 10.2 所示,只是由示波器观测的不是上升时间,而是信号幅度。

3. 快放大器增益的积分非线性

快放大器线性是指快放大器的输入信号幅度和输出信号幅度之间的线性程度。理想的快放大器幅度特性是一条过原点的直线,直线的斜率为其增益。但实际上放大器总是存在非线性,即其输出幅度与输入幅度关系曲线总是与理想直线有一定偏离。

快放大器积分非线性示意图如图 10.3 所示。

积分非线性(INL)定义为

$$INL = \frac{|\Delta V_o|_{max}}{V_{omax}} \times 100\%$$

式中,$|\Delta V_o|_{max}$ 为快放大器实际输出特性与理想输出特性之间的最大偏差;V_{omax} 为快放大器输出信号的额定幅度。

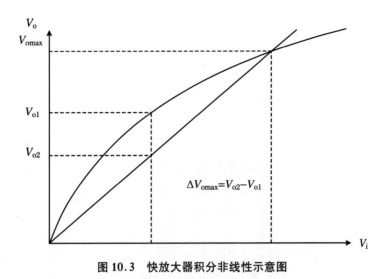

图 10.3   快放大器积分非线性示意图

10.3   电 路 设 计

1. 电路整体介绍

本实验的快放大器设计采用两级放大电路,如图 10.4 所示。

第一级为增益可调放大电路,使用程控放大器 VCA824,其具有高带宽(320 MHz, $G =$ 10 V/V)、高增益调节范围(>40 dB 增益调节范围)、高输出驱动(±90 mA)、线性增益可调等特性。

第二级采用固定增益放大电路,使用超高速放大器 AD8009,其具有大信号带宽(700 MHz, $G = 2$ V/V),宽带范围内低失真、高输出驱动(175 mA 输出负载驱动电流)等特性。

使用两级放大电路可以极大地提高电路带宽,并且实现大的增益调节范围、高输出驱动能力。

快放大器有两个通道,可以分别设置不同的放大倍数进行使用和测试。

电路各部分以及电源介绍如下。

2. 信号输入电路

脉冲信号经过 SMA 接头输入,使用 50 Ω 始端匹配,并使用 MA147 保护电路,防止输入电压过大损坏电路,如图 10.5 所示。

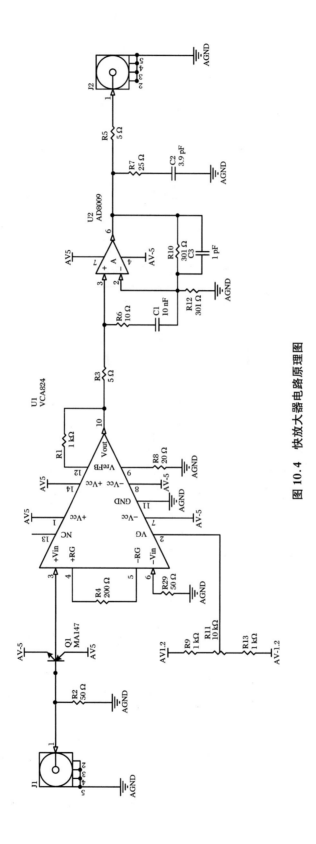

图 10.4 快放大器电路原理图

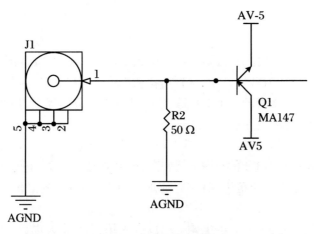

图 10.5 信号输入电路

3. 增益可调放大电路

第一级放大电路为程控放大电路,放大器芯片采用程控放大器 VCA824,电路如图 10.6 所示。

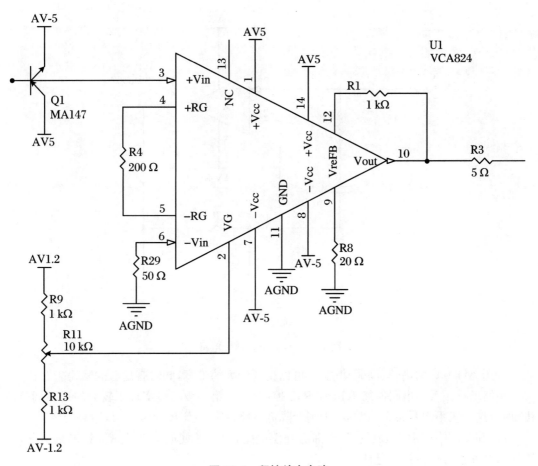

图 10.6 程控放大电路

供电电源电压为±5 V,可调增益范围由电阻 R1 和 R4 控制:

$$G = 2 \times \frac{R_4}{R_1}$$

当 $R_1 = 1\ \text{k}\Omega, R_4 = 200\ \Omega$ 时,$A_{Vmax} = +10\ \text{V/V}$,增益 A_V 调节范围为 $-10\sim 10$(40 dB 增益调节区间),程控电压为 $-1\sim 1$ V,并且增益和程控电压呈线性关系。

程控电压 V_G 由 10 kΩ 滑动变阻器串联两个 1 kΩ 电阻分压提供,基准电压±1.2 V 由基准电压源提供,电源部分将会在后面介绍。

理论上最大输出电压不能超过 ±5 V,实际上由于流过 R4 的静态电流不能超过 ±2.6 mA,也就限制了输入电压的范围。例如当 $R_4 = 200\ \Omega$ 时,输入电压不能超过 ±520 mV,要想得到更大的动态输入电压范围,就要相应地调节 R4 和 R1 的阻值(保持相应的动态增益范围不变)。

第一级的输出信号经过一个小电阻(5 Ω)流入第二级放大电路,防止电流过大损坏电路。

4.固定增益放大电路

第二级电路为固定增益放大电路,采用超高速、高驱动能力的放大器芯片 AD8009,电路如图 10.7 所示。

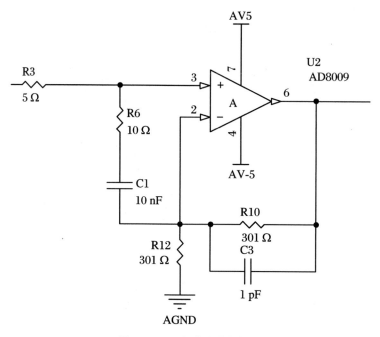

图 10.7　固定增益放大电路

利用 AD8009 的高速、高驱动能力,可以得到较大的带宽,同时有足够的驱动能力。

电路增益由反馈电阻网络 R10 和 R12 控制,由于第一级已经实现了较大的增益调节范围,所以这一级不需要太大的增益,否则会降低电路带宽。当 $R_{10} = R_{12}$ 时,增益为 2。

R6 和 C1 网络用作运放的超前-滞后补偿电路,它能够使放大电路带宽性能最大化,消除输出脉冲信号的振铃和过冲。

C3 仅仅作为反馈电阻 R10 的补偿电容。

5. 信号输出电路

最后信号经过一个由 R20 和 C5 构成的滤波网络,通过一个小电阻(作用同上),由 SMA 接头输出,如图 10.8 所示。

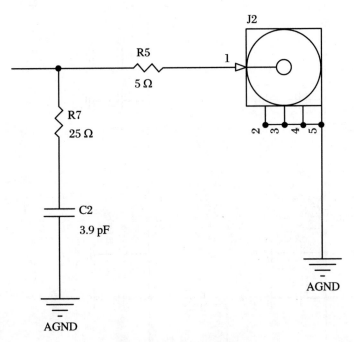

图 10.8　信号输出电路

6. 电源部分

本实验快放大器的电路要用到 ±5 V 和 ±1.2 V,所以分两部分介绍。

(1) ±5 V 电源模块,如图 10.9 所示。

220 V 电压经过由 3Pin 接插件和一个保险丝直接输入电源 4NIC-KM5 直接转为 ±5 V,再经过去耦电容网络和保险丝输出,用来提供运放芯片的电源电压。

(2) ±1.2 V 基准电压模块,如图 10.10 所示。

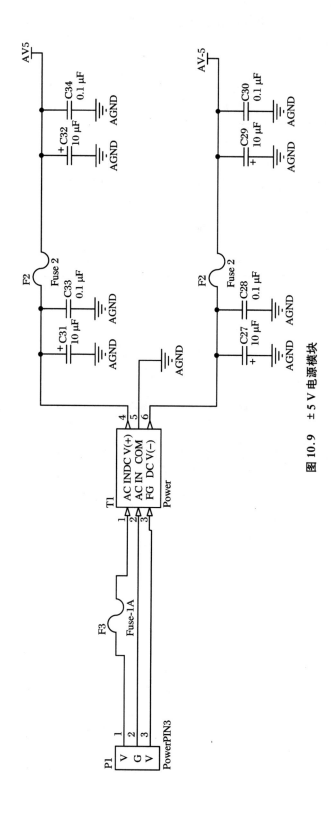

图 10.9 ±5 V 电源模块

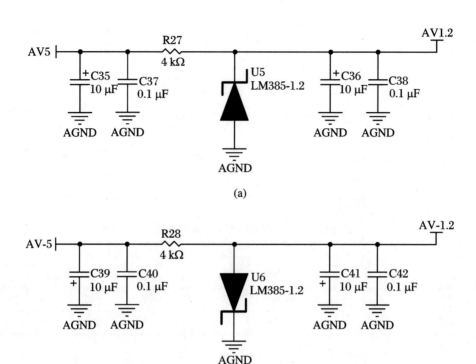

(a)

(b)

图 10.10　±1.2 V 基准电压模块

因为 ±1.2 V 是作为放大器 VCA824 的程控放大电压使用的,要求高精度的电压调节,所以电源芯片使用的是精密基准电压源 LM385LP-1.2。±5 V 电压经过去耦电容网络和一个 4 kΩ 电阻送入电源芯片转成 ±1.2 V,再经过去耦电容网络输出。

10.4　电路性能测试

这一部分是电路性能测试部分,主要对带宽、动态电压输出范围、基线偏移、快放大器线性和增益调节动态范围进行测试。所使用的仪器有快放大器、Tektronix MDO3032 示波器和 Agilent 33250A 信号发生器。

1. 放大器带宽

调节放大器增益为 $A = 2$,以 10 MHz 频率、100 mV 峰峰值方波为输入信号,按照图 10.2 测量快放大器的上升时间的方法可以测得,测量数据见表 10.1。

表 10.1　信号上升时间测量数据样例

t_n (ns)	5.869	5.873	5.867	5.889	5.905
t_i (ns)	4.996	4.964	4.928	4.862	4.834

可以计算得到

$$t_n = 5.881\ \text{ns}, \quad t_i = 4.917\ \text{ns}$$

由公式可得 $t_r = 3.226\ \text{ns}$。

所以放大器带宽为

$$F_{-3\,\text{dB}} = \frac{0.35}{t_r} = 108.49\ \text{MHz}$$

可以看到 $A = 2$ 时,放大器带宽非常大,满足设计需求。

2. 放大器线性

调节放大器增益,分别测量 $A = 1$ 和 $A = 2$ 两种情况下放大器线性,均使用信号源输出 10 MHz 方波信号进行测量。

增益 $A = 1$ 时的测量数据见表 10.2。

表 10.2　$A = 1$ 时放大器线性测量数据样例

V_{in}(mV)	50	100	150	200	250	300	350	400	450	500
V_{out}(mV)	49.2	96.8	146.4	194	244	292	340	388	436	488
V_{in}(mV)	550	600	650	700	750	800	850	900	950	1000
V_{out}(mV)	532	580	628	676	732	776	832	872	920	984

使用作图软件 Origin 拟合得到的曲线如图 10.11 所示。

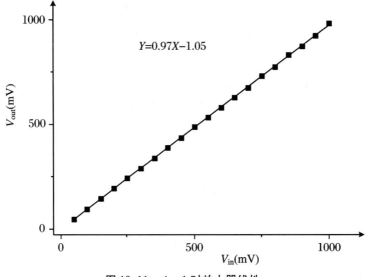

图 10.11　$A = 1$ 时放大器线性

可以看到 $A = 1$ 时,放大器线性非常好,符合实验测试要求。

增益 $A = 2$ 时的测量数据见表 10.3。

表 10.3　$A = 2$ 时放大器线性测量数据样例

V_{in}(mV)	50	100	150	200	250	300	350	400	450	500
V_{out}(mV)	97.6	194	290	388	484	580	680	776	880	976
V_{in}(mV)	550	600	650	700	750	800	850	900	950	1000
V_{out}(mV)	1064	1160	1256	1352	1456	1560	1660	1760	1860	1960

拟合得到的曲线如图 10.12 所示。

可以看到 $A=2$ 时，放大器线性非常好，符合实验测试要求。

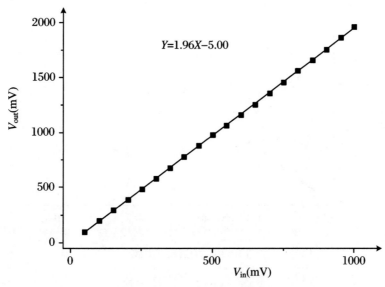

图 10.12　$A=2$ 时放大器线性

3．放大器增益动态范围

使用 10 MHz 方波，$V_{\text{p-p}}=500\ \text{mV}$，改变控制电压，测得的实验数据见表 10.4。

表 10.4　增益调节测量数据样例

$V_{\text{in}}(\text{mV})$	$V_{\text{out}}(\text{mV})$	$A_{\text{v}}(\text{V})$	$V_{\text{g}}(\text{V})$
500	95.2	0.1904	-0.949
500	320	0.64	-0.864
500	504	1.008	-0.794
500	1016	2.032	-0.596
500	1400	2.8	-0.447
500	1980	3.96	-0.226
500	2520	5.04	-0.007
500	3000	6	0.193
500	3480	6.96	0.381
500	3920	7.84	0.528

拟合得到的曲线如图 10.13 所示。

可以看到，随着控制电压变化，快放线性是线性变化的，而且增益线性区间非常大，给出线性关系后，增益大小非常容易控制，符合实验设计要求。

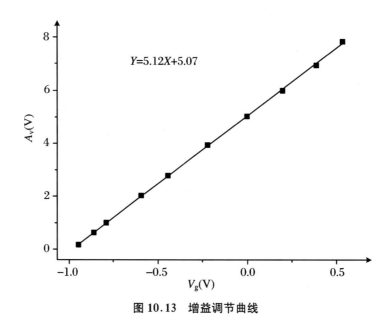

图 10.13 增益调节曲线

10.5　实验内容及步骤

1. 测试快放大器阶跃响应的上升时间 t_r 及带宽

（1）测试方法：

实际中不可能有阶跃信号发生器，所以只能用图 10.2 所示的方法间接测量。测量中，需要考虑示波器的固有上升时间和信号发生器输出脉冲所具有的一定的上升时间。

被测快放大器的上升时间 t_r 可由公式算出。

测出上升时间后，带宽可由公式得到。

（2）实验步骤：

① 按测试方案接好实验仪器，首先使用快放通道一；

② 预置脉冲信号发生器，设置脉冲信号频率为 100 kHz、脉宽 100 ns、上升时间 2.9 ns（尽量小）；

③ 打开示波器和快放大器；

④ 待示波器自检结束后，按"MENU OFF"，通电 10 min；

⑤ 按示波器上"Autoset"按钮，屏幕上显示输入信号和输出信号波形；

⑥ 按示波器面板上方"Measure"菜单按钮，选取频率，再选取正脉冲宽度，可以读出信号的频率、脉冲宽度数值；

⑦ 将放大器上输入、输出信号展开，从屏幕上读出输入脉冲、输出脉冲的上升时间，各取 5 个数值；

⑧ 换用其他 3 个通道（两块实验板，各两个通道）重复以上步骤进行测量；

⑨ 根据所给公式计算快放大器两个通道的上升时间和带宽。

2．用示波器测量快放两个通道的线性曲线

实验步骤：

① 按图 10.2 所示连接实验仪器，首先使用通道一；

② 预置信号发生器，打开示波器和快放大器；

③ 按示波器面板上方"Measure"菜单按钮，选取幅值，可以读出信号的幅值；

④ 调节脉冲信号至 50 mV，从示波器上读出快放输出信号幅度；

⑤ 在放大器线性动态范围内（输入信号幅度不超过 500 mV），重复步骤③，改变脉冲信号输出幅度，每隔 20 mV 测量一个幅度值（最终得到不少于 20 组数据）；

⑥ 关闭信号发生器输出和快放大器，换用快放通道二，重复以上步骤测量通道二的线性曲线；

⑦ 根据以上得到的数据拟合出快放两个通道（不同放大倍数下）的增益曲线，并求出两个通道的增益和积分非线性。

10.6　思　考　题

（1）如何测量放大器增益的温度稳定性？

（2）根据增益带宽积，在不同放大倍数下，放大器的带宽应如何改变？ 实际测得的带宽是否符合这种规律？ 为什么？

（3）按照国际标准，应该测量放大器功率的非线性，而我们测量的是幅度的非线性，请描述这两种测量方法在实际测量中的意义。

实验 11　传输线实验

11.1　实　验　目　的

（1）观察传输线传输信号过程中的反射现象，测量传输线的特征阻抗 Z_0 和电信号在传输线中的传输速度；

（2）了解传输线的成形原理，并对传输线的延迟时间、反射问题和阻抗匹配等有一定的感性认识。

11.2　实　验　原　理

1. 特征阻抗

Z_0 为传输线的输入阻抗，或者叫作特征阻抗。

$$Z_0 = \left(\frac{L}{C}\right)^{1/2}$$

式中，L 是传输线的电感；C 是传输线的电容。

可以看到特征阻抗是一个常数，与频率无关，阻抗的范围一般为 10（电缆的内部到外层之间）～300 Ω（电视天线所用的一种平衡结构）。

我们实验采用的 RG-58/U 电缆的特征阻抗为

$$Z_0 = \left(\frac{6.4\,\text{nH}}{2.6\,\text{pF}}\right)^{1/2} = 50\ \Omega$$

在传输线始端测量得到的电压值实际上是信号源内阻和电缆的特征阻抗串联分压所得。

2. 反射系数

电压反射系数 K_u 定义为

$$K_u = \frac{R_L - Z_0}{R_L + Z_0}$$

式中，R_L 为终端（或始端）负载电阻。

当 $R_L = \infty$（开路）或 $R_L = 0$（短路）时，将发生同相或反相全反射，入射电压和反射电压的叠加，会造成信号波形畸变。

3．振铃

根据信号源的初始电压、信号所通过各区域的阻抗，以及结合传输线的时延等信息，就可以计算得出在每个交界面上的反射，也可以预测出任意一点的实际电压。

假设传输线终端开路，信号源内阻小于传输线的特征阻抗，那么在终端发生同相全反射，信号传输回始端，在始端也发生反相反射，最终将引起通常所说的振铃（RING）现象。如图 11.1 所示。

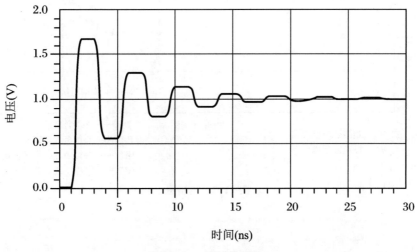

图 11.1　信号的振铃

11.3　实　验　内　容

（1）将脉冲信号发生器输出的信号直接引至示波器 CH1 通道，测量其频率、脉宽、幅值，并画出其波形。

（2）按图 11.2 所示连接仪器，观察始端不匹配，终端负载为开路、短路、匹配情况下，始端与终端波形信号（注意应将信号横向展开，重点观察信号前沿部分）。画出它们的波形，并测量两个信号的时差（分析原因）、始端波形上所含有的时间信息，以及信号叠加的幅度值，并对此进行分析。

（3）观察始端匹配，终端短路情况下的始端波形，测量其脉冲宽度，根据已知的传输线长度计算电信号的传输速度 v。

（4）观察始端匹配，终端负载开路、匹配情况下的始端波形。将始端开关置于匹配位置，再调节终端电位器 W_2 改变终端负载，当调节到终端匹配时（如何判断达到最佳匹配），将终端开关拨到 IV 挡（即开路挡），用数字万用表测量终端负载阻值，即为传输线的特性阻抗 Z_c 的值。

（5）观察始端和终端匹配情况下的终端波形，与理想情况下的波形做对比，可看到脉冲方波的上升沿和下降沿不再逼近无穷快，这是传输线电抗分布参数作用的结果。

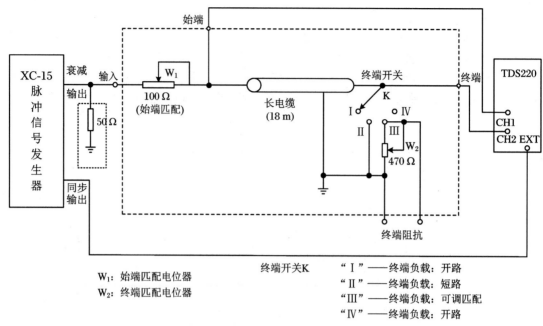

图 11.2　连接图

11.4　思　考　题

（1）为了使叠加的波形较为明显,对信号源有什么要求？

（2）为什么波形叠加的幅度不是严格相等的？

（3）如图 11.3 所示,直流信号源内阻 $R_s = 33\ \Omega$,电压幅度为 1 V,传输线阻抗为 50 Ω,终端负载为 150 Ω,在坐标纸上画出开关闭合后传输线电压 V_i 与终端电压 V_0 的变化波形,并计算最终达到稳态后,始端与终端电压。

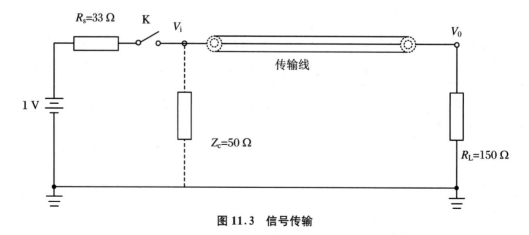

图 11.3　信号传输

（4）采用哪些方法可以消除传输线的反射带来的影响？

实验 12　核电厂运行虚拟仿真实验一：反应堆功率调节实验

12.1　实　验　目　的

通过本实验,学生能够了解反应堆功率调节的方式并知晓控制棒是如何控制反应堆功率的。

12.2　实　验　设　备

本实验使用核动力装置运行仿真实验计算机系统。

12.3　实验原理及内容

核反应堆在运行过程中,一些物理参数在不断地发生变化。反应堆启动后,必须随时克服由温度效应、中毒和燃耗所引起的反应性变化;另一方面,反应堆启动、停闭、提升或降低功率,都必须采用外部控制的方法来控制反应性。

控制棒是强吸收体,它的移动速度快,操作可靠,使用灵活,控制反应性的准确度高,是各种类型反应堆中紧急控制和功率调节不可缺少的控制部件。它主要是用来控制反应性的快变化。具体地讲,主要是用它来控制下列一些因素所引起的反应性变化:

(1) 燃料的多普勒效应;

(2) 慢化剂的温度效应和空泡效应;

(3) 变工况时,瞬态氙效应;

(4) 硼冲稀效应;

(5) 热态停堆深度。

控制棒是由硼和镉等易于吸收中子的材料制成的。压力容器外有一套机械装置可以操纵控制棒的升降。当功率处于稳定状态时,将控制棒插入反应堆,吸收掉的中子大于产生的中子,中子数减少,功率就降低了。相反,将控制棒提出反应堆,中子数增加,有更多的中子参加链式反应,功率就增加了。

12.4 实 验 步 骤

(1) 启动仿真系统,进行控制棒调节反应性实验。进入仿真机教练员站,选择初始边界 IC 30 并点击"Reset"复位工况。当前状态处于 FREEZE 状态,点击"FREEZE",切换为 Run 状态。

(2) 进入仿真机教练员站,设置实验结果参数脚本。依次点击"Trend"—"File"—"Open file",选择反应堆功率调节并打开。

(3) 点击"SimDCS"(仿真机监控软件),进入"主冷却剂系统"画面,确认运行方案模式选择开关设置为"原方案"。

(4) 在仿真机监控软件进入"DEH 控制"画面后,点击"负荷控制",设置目标负荷为 270 MW,负荷速率为 5 MW/min。

(5) 完成负荷降低到 270 MW 稳定后,通过"Trend"—"file"—"Export Trent Data"功能导出实验数据,观察数据及绘图。

(6) 进行温度负调节反应性实验。重新复位工况,并设置实验结果参数脚本。将功率调节设置为手动模式,然后仿真机监控软件进入"DEH 控制"画面,将负荷降低为 298 MW,系统稳定后将负荷重新设置为 300 MW,导出实验数据。

(7) 进行硼浓度调节反应性实验。在仿真机监控软件进入"化学容积控制系统"画面后,点击"硼浓度控制"按钮,设置主冷却剂系统和稳压器硼浓度 30×10^{-6} 和变化率 $2 \times 10^{-6}/\text{sec}$,系统稳定后导出实验数据。

(8) 关闭仿真系统程序。

12.5 实 验 报 告

实验记录见表 12.1～表 12.3。

表 12.1　控制棒调节反应性主要参数记录表

参数		
核功率		
电功率		
冷却剂流量		
硼浓度		
冷却剂平均温度		
稳压器压力		
棒位 A1/A2/T1/T2/T3/T4		
入口温度		
出口温度		
蒸汽温度		
给水流量		
给水温度		

表 12.2　温度负反馈调节反应性主要参数记录表

参数			
核功率			
电功率			
冷却剂流量			
硼浓度			
冷却剂平均温度			
稳压器压力			
棒位 A1/A2/T1/T2/T3/T4			
入口温度			
出口温度			
蒸汽温度			
给水流量			
给水温度			

表 12.3　硼浓度调节反应性主要参数记录表

参数		
核功率		
电功率		
冷却剂流量		
硼浓度		
冷却剂平均温度		
稳压器压力		
棒位 A1/A2/T1/T2/T3/T4		
入口温度		
出口温度		
蒸汽温度		
给水流量		
给水温度		

实验结果分析：

（1）在导出的数据中选择合适的参数数据绘图；

（2）结合影响反应性的因素，分析参数变化的原因。

12.6　思　考　题

（1）反应堆功率陡增的原因可能是什么？

（2）控制棒如何控制反应过程？

实验 13 核电厂运行虚拟仿真实验二：核电站运行特性实验

13.1 实 验 目 的

通过本实验,学生能够了解核电站运行特性,并通过主要参数分析核电站的运行方案。

13.2 实 验 设 备

本实验使用核动力装置运行仿真实验计算机系统。

13.3 实验原理及内容

核反应堆在运行过程中,一些物理参数在不断地发生变化。在稳态运行条件下,以负荷为核心,各运行参数(温度、压力)应遵循单一变量法。

二回路功率 P_2 可由下式表示：

$$P_2 = h \cdot S \cdot (T_{av} - T_s)$$

式中, h 为蒸汽发生器传热系数; S 为蒸汽发生器传热面积; T_{av} 为回路平均温度; T_s 为蒸汽发生器出口的蒸汽温度。

假设蒸汽发生器传热系数 h 和面积 S 恒定不变,则二回路功率仅是 $T_{av} - T_s$ 的函数。当功率增加时,可用两种方法来满足二回路的功率需求：降低蒸汽发生器出口的蒸汽温度和提高一回路的平均温度。根据这个关系,可以考虑三种控制方案。

1. 一回路平均温度不变的方案

降低蒸汽发生器出口的蒸汽温度以满足二回路的功率需求,维持一回路的平均温度不变,这对一回路有利。但这个方案受到汽机效率和尺寸的限制。

根据卡诺原理,汽机效率 η 为

$$\eta = 1 - \frac{T_c}{T_h}$$

式中,T_c 为热阱温度(冷凝器温度);T_h 为热源温度。

当蒸汽发生器出口的蒸汽温度 T_s 降低时,相当于 T_h 降低,则汽机效率会降低。因此 T_s 的降低受到汽机效率的限制。

为了使汽机达到设计的满功率,必须有一个足够大的进汽压力,汽机尺寸就是按这个最低进汽压力设计的。蒸汽发生器出口的蒸汽温度 T_s 降低,也就是蒸汽发生器压力降低,由于后者不能低于设计要求的最低值,因此 T_s 的降低受到汽机尺寸的限制。

2. 蒸汽发生器压力不变的方案

蒸汽发生器压力不变,也就是蒸汽发生器出口的蒸汽温度不变,这对二回路有利。这个方案必须提高一回路的平均温度来跟踪二回路增加的功率,但受到一回路的各种限制:

(1)一回路平均温度变化过大,使一回路冷却剂容积变化过大,需要比较大的稳压器来补偿容积变化。

(2)上述同样原因使一回路排出的待处理液体容积增加。

(3)一回路平均温度变化过大,会使控制棒组的移动范围增大。如果二回路的功率迅速下降,由于主冷剂的温度系数是负的,会释放出大量的热量,必须靠插入控制棒加以补偿。控制棒插入过深会引起严重的堆芯通量分布畸变,甚至有产生热点而烧毁包壳的危险。

3. 折中方案

为了克服上面两种控制方案的缺点,大多数核电厂采用漂移一回路平均温度的折中方案。即随着机组功率上升,一回路平均温度逐渐增加,同时蒸汽发生器出口的蒸汽温度逐渐下降。

一回路平均温度 T_{av} 随负荷增加,在 291.4～310 ℃ 变化。蒸汽发生器出口的蒸汽压力 P_s 和蒸汽温度 T_s 随负荷增加而逐渐降低。图 13.1 中还给出了堆进、出口温度随负荷增加

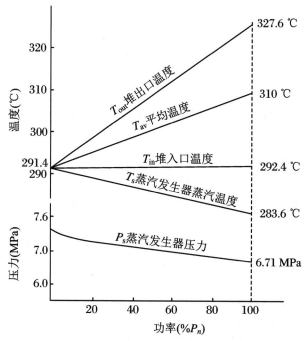

图 13.1　温度、压力随功率变化图

而变化的曲线。负荷在 $0\%\sim100\%P_n$ 的范围内，堆芯进口温度只变化 1 ℃，所以又称这种方案为堆进口温度不变方案。

这种方案的优点是兼顾了一、二回路。

确定了一回路平均温度控制方案后，设计出的反应堆控制系统将维持一、二回路功率的匹配，即使一回路平均温度等于控制方案中的平均温度整定值。

13.4　实　验　步　骤

（1）启动仿真系统，选择初始边界 IC 30 并复位工况；

（2）进入仿真机教练员站，设置实验结果参数脚本（运行方案）；

（3）点击"SimDCS"（仿真机监控软件），进入"主冷却剂系统"画面，确认运行方案模式选择开关设置为"原方案"；

（4）在仿真机监控软件进入"DEH 控制"画面后，点击"负荷控制"，分别设置目标负荷为 300 MW、270 MW、240 MW、210 MW、180 MW、150 MW，负荷速率为 5 MW/min，每次降低负荷稳定 5 min 后进行下一步梯级降负荷；

（5）完成负荷降低到 150 MW 稳定后，通过 SimInstructor 的 Trend 功能导出实验数据；

（6）运行方案模式选择开关设置为"平均温度不变"，复位 IC201 并依次按第（4）步降低负荷，最后降低到 150 MW 稳定后，导出实验数据；

（7）运行方案模式选择开关设置为"出口温度不变"，复位 IC202 并依次按第（4）步降低负荷，最后降低到 150 MW 稳定后，导出实验数据；

（8）关闭仿真系统程序。

13.5　实　验　报　告

实验记录见表 13.1～表 13.3。

表 13.1　原方案运行主要参数记录表

参数	300 MW	270 MW	240 MW	210 MW	180 MW	150 MW
核功率						
电功率						
冷却剂流量						
入口温度						

参数	300 MW	270 MW	240 MW	210 MW	180 MW	150 MW
出口温度						
冷却剂平均温度						
稳压器压力						
蒸汽温度						
给水流量						
给水温度						

表 13.2　平均温度运行主要参数记录表

参数	300 MW	270 MW	240 MW	210 MW	180 MW	150 MW
核功率						
电功率						
冷却剂流量						
入口温度						
出口温度						
冷却剂平均温度						
稳压器压力						
蒸汽温度						
给水流量						
给水温度						

表 13.3　出口温度不变运行主要参数记录表

参数	300 MW	270 MW	240 MW	210 MW	180 MW	150 MW
核功率						
电功率						
冷却剂流量						
入口温度						
出口温度						
冷却剂平均温度						
稳压器压力						
蒸汽温度						
给水流量						
给水温度						

实验结果分析：

（1）在导出的数据中选择合适的参数数据绘图；

（2）分析不同运行方式下参数的变化趋势及范围；

（3）结合数据分析不同运行方案的优缺点。

13.6 思　考　题

（1）反应堆功率陡增的原因可能是什么？

（2）控制棒如何控制反应过程？

实验 14 核电厂运行虚拟仿真实验三：核电厂事故实验

14.1 实 验 目 的

通过本实验,学生能够了解核电站在发生掉棒引起的反应性事故、蒸汽发生器传热管断裂事故、蒸汽管道破裂事故及失水事故时系统主要参数的变化趋势,对事故的处理规程有初步的认识。

14.2 实 验 设 备

本实验使用核动力装置运行仿真实验计算机系统。

14.3 实验原理及内容

14.3.1 掉棒事故

1. 物理机制

控制棒束掉落堆芯可能是由于一个或几个控制棒驱动系统发生了故障。当核电厂处于功率运行模式时,反应堆保护系统会表现出核电厂的工况异常,并可能触发反应堆紧急停堆,至于是否停堆则取决于掉落控制棒组的位置。

2. 主要现象

下列现象中的任何一个出现均可表明有掉棒可能:

(1) 功率量程高中子注量率变化大;

(2) 四个功率量程核仪表通道给出功率量程高中子注量率报警;

（3）单束棒棒位指示器到底灯亮并报警；

（4）功率量程核仪表中子注量率倾斜；

（5）T_{avg}-T_{ref}偏差过大；

（6）反应堆冷却剂 T_{avg} 下降；

（7）若棒控处于自动，则自动控制棒组迅速提升。

3．采取的措施

（1）自动动作。

若棒控处于自动且温度下降值超过了棒控制死区，则棒组将被提出，建立 T_{avg}-T_{ref} 平衡工况。

（2）立即动作。

① 反应堆紧急停堆停机；

② 切除汽轮机"负荷控制"；

③ 棒控转为手动；

④ 如果表明有两束或两束以上控制棒束掉落堆芯，则执行正常停堆规程，将反应堆置于热备用模式；

⑤ 若只有一束控制棒掉落，且它不属于控制棒组，则手动降低汽机负荷，使每个通道的功率均不超过 100%；

⑥ 若掉落的棒束属于控制组，则手动降低汽机负荷，以使 T_{avg} 与 T_{ref} 符合；

⑦ 连续监视核仪表和平均温度仪表，并维持工况的稳定。

注：某一棒组的提出会使其他棒组下降，甚至导致功率倾斜，因此在掉棒被恢复之前，任何提棒操作都必须按规程操作。

14.3.2　传热管断裂事故

1．物理机制

传热管断裂事故（SGTR）定义为 SG 发生一根或多根 U 形管出现裂缝导致连续的泄漏。作为设计基准事故的 SGTR 是只考虑一台 SG 内单独一根 U 形管完全断裂的情况。

引起蒸汽发生器 U 形管破损的主要原因如下：

（1）U 形管承受机械和热应力；

（2）一、二回路水产生腐蚀，其中应力腐蚀是管子破损的主要原因，占 70%；

（3）U 形管的微振磨损；

（4）压陷。

2．风险

SGTR 的主要后果是一回路水污染二回路。如果再加上凝汽器不可用，受污染的蒸汽可能会通过蒸汽旁路系统由大气排放阀排向大气，污染环境。

如果事故处理不及时，可能会使 SG 和蒸汽管道充满水，这时通过大气旁路阀的液态排放的放射性比蒸汽排放的大得多（质量流量更大），因此液态排放更危险。此外，SG 的安全阀带水操作可能会使它们卡在开的位置上，造成一个非常严重的事故叠加：SGTR 加上主蒸汽管道断裂事故，可能导致系统进入极限事故规程。

3．采取的措施

（1）自动保护。

如果泄漏量大,自动保护将有:

① PZR 压力低紧急停堆;

② 汽机跳闸;

③ 安注投入;

④ 主给水隔离;

⑤ ASG 启动。

(2) 手动干预。

自动保护系统可以保证堆芯的安全,但不足以限制放射性的排放。要求操纵员首先应当识别事故,鉴别出发生事故的 SG 并把它隔离掉,使一回路降温、降压以降低一回路冷却剂通过破口的流量,同时也避免将污染的蒸汽排向大气,把机组带到维修冷停堆。干预时要平衡一、二回路的压力和避免故障 SG 被充满。

特别要注意的是,隔离后的故障 SG 排污受到流量平衡阀的限制,使得 SG 极易被充满而形成带水释放。

14.3.3　主蒸汽管道破裂事故

1. 物理机制

主蒸汽管道破裂事故(MSLB)定义为除了蒸汽回路的一根管道(主管道或管嘴)出现破裂外,还包括蒸汽回路上的一个阀门(安全阀、排放阀或旁路阀)意外被打开所导致的事故。

二回路上的一个阀门意外被打开,可能是由于调节系统的误动作、机械故障或运行人员的误操作所造成的。

按照破口的大小,MSLB 事故可以是 Ⅱ、Ⅲ、Ⅳ类工况。

Ⅱ类工况:破口尺寸相当于 SG 一个安全阀打开的尺寸,即一个 SG 安全阀意外打开并卡死。

Ⅲ类工况:破口尺寸大于一个安全阀打开形成的破口,且不能隔离。

Ⅳ类工况:安全壳内蒸汽主管道的完全断裂。

2. 采取的措施

(1) 自动保护。

发生 MSLB 事故时,有一系列的自动保护会投入:

① 紧急停堆;

② 安注启动;

③ 主蒸汽管道的隔离;

④ 安全壳喷淋的投入。

(2) 手动保护。

发生 MSLB 事故时,要求操纵员进行干预:

① 尽快找出破口位置;

② 尽早停运受损 SG 相关的辅助给水;

③ 寻找对一回路加硼的可能性;

④ 限制一回路升压和充水。

14.3.4　失水事故

1．物理机制

失水事故（LOCA）定义为反应堆冷却剂系统管道或与该系统连接的在第一个隔离阀以内的任一管线的破裂。

破口的原因可能为：

① 一回路一根管道或辅助系统的管道破裂；

② 系统上的一个阀门意外打开或无法关闭；

③ 泵的轴封或阀杆泄漏；

④ 一根管道完全断裂；

⑤ 大破裂；

⑥ 管接口断裂。

失水事故的后果随破口的大小、位置和系统的初始状态的不同而有明显的不同，主要有以下几种情况：

（1）微小破口。

能通过化学容积控制系统的上充得到补偿。稳压器的压力和水位不会降低到安注启动整定值以下，但必须尽快使反应堆冷停堆。

（2）小破口。

堆芯不会裸露，单靠上充不能补偿喷出的冷却剂。稳压器的压力和水位都会下降，直到反应堆自动紧急停堆和安注投入，进入事故工况。破口喷出的冷却剂可由安注补偿。堆芯的剩余衰变热主要由蒸汽发生器导出，极力防止安全壳喷淋的启动。使用正常的冷却和降压方法可以使反应堆转到冷停堆。

（3）中破口。

稳压器压力下降的瞬态会较为缓慢，相对于大破口来说，紧急停堆和安注的投入要迟一些，堆芯仍处于淹没状态。安全壳内压力高，安全壳喷淋不一定自动启动。

安注启动后，若一回路压力下降太快，必须停运主泵，以避免堆芯更严重的裸露。

对于接近下限的破口，可以用处理小破口的方法将反应堆过渡到冷停堆。

由于破口的泄压而使一回路冷却剂达饱和状态，蒸汽发生器可冷却以降低其压力，从而减少破口的泄漏流量。

当堆芯完全被淹没时，因为泄漏流量和注入流量间达到平衡，所以一回路压力渐渐稳定下来。由于冷却的继续，系统最终将恢复到欠饱和状态。

（4）大破口——当量直径直到最大的一回路管道的双端剪切断裂。

稳压器压力迅速下降，直至等于安全壳内的压力，由于大量的质量和能量释放到安全壳内，安全壳内的压力和温度将增加，蒸汽发生器的压力同时也将逐渐下降。当稳压器压力低时，将分别自动启动紧急停堆和安注。

根据 LOCA 失水事故发生的频率和后果，它们可能为Ⅱ、Ⅲ、Ⅳ类工况。

Ⅱ类工况：可快速隔离的破口，这时 DNBR 仍满足要求。

Ⅲ类工况：一回路小破口。

Ⅳ类工况：中破口、大破口。

2. 大破口的主要演变过程

(1) 降压的力学影响。

① 降压波在回路中的传播。

② 主泵超速：下游出现大破口时，由于主泵的出口处压力突然下降，这台主泵就会超速运转。上游出现大破口时，泵内的流动将反向，转动也换向。在这些情况下，主泵惰转飞轮的惯性很重要，它的设计应考虑能抗拒这种作用。

③ 控制棒驱动机构、堆内构件、压力容器、一回路的支撑件在设计中均要考虑接受这种冲击。

(2) 热工水力的影响。

一般的热工水力过程分为：

① 回路快速降压、排空；

② 堆芯再淹没；

③ 燃料棒再浸湿。

重点考虑燃料棒和安全壳。

对于燃料棒，有如下方面要考虑：

① 温度的变化；

② 包壳的机械特性；

③ 锆-水反应。

对于安全壳，有如下方面要考虑：

① 间隔的压力上升；

② 安全壳内的压力上升；

③ 压力壳坑的压力上升；

④ 热应力和机械应力；

⑤ 安全壳内的氢气。

3. 采取的措施

(1) 自动保护。

自动保护要达到以下目的：

① 停止产生核功率（事故紧急停堆）；

② 当堆芯出现失水危险时，应避免或限制堆芯失水（安注）；

③ 压力容器下封头再充水和堆芯再淹没（安注）；

④ 限制安全壳内压力峰值，特别是限制温度升高（安全壳喷淋）；

⑤ 禁止放射性释放到安全壳外（安全壳隔离）。

(2) 手动保护。

手动保护要达到以下目的：

① 为保证安全壳的密封性，在一定条件下手动启动 EAS 喷淋；

② 堆芯长期冷却的建立需要冷、热段的安注转换；

③ RRA 连接时的破口处理可能手动启动低压安注。

14.4 实 验 步 骤

1. 掉棒引起的反应性事故

(1) 启动仿真系统,选择初始边界 IC 30 并复位工况;

(2) 进入仿真机教练员站,设置实验结果参数脚本;

(3) 点击"SimDCS"(仿真机监控软件),进入"主冷却剂系统"画面,确认运行方案模式选择开关设置为"原方案";

(4) 在仿真机监控软件进入"主冷却剂系统"后,设置掉棒故障,将控制棒下面的 MF 值由 0 改为 1,观察现象;

(5) 反应堆停堆并稳定后,通过 SimInstructor 的 Trend 功能导出实验数据;

(6) 关闭仿真系统程序。

2. 蒸汽发生器传热管断裂事故

(1) 启动仿真系统,选择初始边界 IC 30 并复位工况;

(2) 进入仿真机教练员站,设置实验结果参数脚本;

(3) 点击"SimDCS"(仿真机监控软件),进入"主冷却剂系统"画面,确认运行方案模式选择开关设置为"原方案";

(4) 在仿真机监控软件进入"主冷却剂系统"后,设置 SGTR 故障(改蒸汽发生器旁的MF 值);

(5) 反应堆停堆并安注稳定后,通过 SimInstructor 的 Trend 功能导出实验数据;

(6) 关闭仿真系统程序。

3. 蒸汽管道破裂事故

(1) 启动仿真系统,选择初始边界 IC 30 并复位工况;

(2) 进入仿真机教练员站,设置实验结果参数脚本;

(3) 点击"SimDCS"(仿真机监控软件),进入"主冷却剂系统"画面,确认运行方案模式选择开关设置为"原方案";

(4) 在仿真机监控软件进入"主冷却剂系统"后,设置蒸汽管道破裂故障(改蒸汽发生器上部的 MF 值);

(5) 反应堆停堆并稳定后,通过 SimInstructor 的 Trend 功能导出实验数据;

(6) 关闭仿真系统程序。

4. 失水事故

(1) 启动仿真系统,选择初始边界 IC 30 并复位工况;

(2) 进入仿真机教练员站,设置实验结果参数脚本;

(3) 点击"SimDCS"(仿真机监控软件),进入"主冷却剂系统"画面,确认运行方案模式选择开关设置为"原方案";

(4) 在仿真机监控软件进入"主冷却剂系统"后,设置 LOCA 故障(故冷管或热管上的MF 值);

（5）反应堆停堆并安注稳定后，通过 SimInstructor 的 Trend 功能导出实验数据；

（6）关闭仿真系统程序。

14.5 实 验 报 告

实验记录见表 14.1～表 14.4。

表 14.1 掉棒停堆时刻数据记录表

控制棒号/MF 值		时刻	
核功率		稳压器压力	
电功率		稳压器水位	
冷却剂流量		给水流量	
冷却剂出口温度		给水温度	
冷却剂入口温度		蒸汽温度	
冷却剂平均温度		蒸汽流量	

表 14.2 蒸汽发生器传热管断裂停堆时刻数据记录表

MF 值		时刻	
核功率		稳压器压力	
电功率		稳压器水位	
冷却剂流量		给水流量	
冷却剂出口温度		给水温度	
冷却剂入口温度		蒸汽温度	
冷却剂平均温度		蒸汽流量	

表 14.3 蒸汽管道破裂停堆数据记录表

MF 值	
时刻	
核功率	
电功率	
冷却剂流量	
冷却剂出口温度	
冷却剂入口温度	

续表

冷却剂平均温度	
给水温度	
给水流量	
蒸汽温度	
蒸汽流量	
稳压器压力	
稳压器水位	
稳压器内温度	
安全壳压力	
安注流量	

表 14.4 失水事故停堆数据记录表

序号	1	2	3	4	5
MF 值	0.001	0.005	0.01	0.05	0.005
破口位置	热管段	热管段	热管段	热管段	冷管段
时刻					
核功率					
电功率					
冷却剂流量					
冷却剂出口温度					
冷却剂入口温度					
冷却剂平均温度					
稳压器压力					
稳压器水位					
稳压器内温度					
上充流量					
下泄流量					
给水流量					
给水温度					
蒸汽温度					
蒸汽流量					
安全壳压力					
安注流量					

实验结果分析：

（1）在导出的数据中选择主要的参数数据绘图（只要求选取主蒸汽管道破裂事故和失水事故中的一个工况进行绘图）；

（2）结合数据确定触发停堆的时刻及信号（如有安注，确定其触发信号和时间）；

（3）给出事故进程，包括事故发生后的主要现象及系统的响应；

（4）比较不同 MF 值下事故进程的区别。

14.6 思 考 题

（1）反应堆功率陡增的原因可能是什么？

（2）控制棒如何控制反应过程？

实验 15　核电厂运行虚拟仿真实验四：
核电站停堆实验

15.1　实验目的

通过本实验,学生能够了解核电站停堆基本过程和主要操作步骤,理解核电站停堆过程中的注意事项,能够通过核电站在停堆过程中的主要参数变化分析掌握系统运行的原理。

15.2　实验设备

本实验使用核动力装置运行仿真实验计算机系统。

15.3　实验原理及内容

1. 运行标准状态

在核电站的生产过程中,机组的运行状态往往由于外部(如电网故障影响)或内部(如某一重要设备故障停用或失效)的原因,从而使各种运行参数产生变化。为了使运行人员能在各种工况下控制好各种重要的运行参数,保证机组的正常运行和安全,在技术规范中对反应堆的九种标准状态都作出了具体的规定。

2. 冷停堆状态

冷停堆状态含换料冷停堆、维修冷停堆和正常冷停堆三种状态。在冷停堆状态,反应堆处于次临界,保证有足够的停堆裕度。如有必要,还应有防止反应堆被意外稀释的实体隔离,以免反应性事故发生。

(1)换料冷停堆。

所有控制棒均插入堆芯,一次冷却剂的平均温度 $10\,℃ \leqslant T \leqslant 60\,℃$,一回路压力为大气压。这时压力容器的顶盖已打开,停堆裕度大于 5000×10^{-5},一次冷却剂的硼浓度大于 2100×10^{-6}。RRA 投入运行,以控制反应堆冷却剂温度,并保证硼浓度的均匀。

(2)维修冷停堆。

所有控制棒均插入堆芯,一次冷却剂温度应小于 70 ℃,大于 10 ℃,一回路被打开,压力为大气压,停堆裕度应大于 5000×10^{-5},一次冷却剂的硼浓度应大于 2100×10^{-6}。

(3)正常冷停堆。

3.中间停堆状态

中间停堆状态根据一回路稳压器内的汽腔是否已形成及停堆余热排出系统的状态,分为单相中间停堆、两相中间停堆和正常中间停堆。此时反应堆处于次临界。

(1)单相中间停堆,余热排出系统投入。

单相中间停堆的重要标志是一回路的冷却剂为单相液态,稳压器内还没有形成蒸汽空腔,停堆余热排出系统已接入一回路,且处于投运状态。反应堆处于次临界。

(2)两相中间停堆。

在该状态下,稳压器内已形成蒸汽腔,停堆组棒组已抽出堆芯,停堆余热排出系统已投入运行。

(3)正常中间停堆。

在该状态下,稳压器内已形成汽腔,而且停堆余热排出系统已退出运行。一回路的冷却是由蒸汽发生器来实现的。

4.热停堆状态

当反应堆处于该状态时,反应堆处于次临界。至少两台主泵运行,且其中一台应在一环路上,冷却剂温度由蒸汽排放系统控制。

5.热备用状态

这时的反应堆已达到临界状态,并且堆芯已产生核功率,但其核功率应小于反应堆额定功率的 2%。这主要是由蒸发器的辅助给水系统的给水能力决定的。

6.功率运行状态

反应堆处于临界状态,反应堆的核功率可以在 2%~100% 额定功率之间调整,一次冷却剂的压力为 15.4 MPa(G),冷却一回路的二回路是由蒸汽发生器的正常给水系统、二回路汽轮机以及蒸汽旁路系统的运行来实现的。

运行标准状态梯形图如图 15.1 所示。

7.初始条件

(1)核电站在 100% 满负荷下稳定运行,DEH 系统处于"操纵员自动"模式。

(2)反应堆功率调节系统处于"自动"方式,调节棒组保持在调节带范围内运行,轴向功率偏差 ΔI 控制在目标带内工作。

(3)稳压器压力控制系统、稳压器液位控制系统处于"自动"工作状态。

(4)汽机旁路排放系统置于"平均温度"控制方式,主蒸汽大气释放阀处于自动状态。

(5)蒸汽发生器液位由主给水调节阀自动控制调节。

(6)反应堆补给控制系统置于"自动补给"方式运行。一台离心式上充泵运行,另一台离心式上充泵热备用。

(7)反应堆保护系统、汽轮发电机组保护系统及各保护系统之间的联锁均处于正常工作状态。专设安全设施处于热备用状态。

(8) 核电站正常运行时,核电厂由发电机经主变通过 200 kV 升压站向电网供电,并且通过厂变向工作母线供电。

(9) 一、二回路各系统的调节阀门处于"自动"工作状态,各系统的运行设备运转正常,备用设备处于良好的待机状态。

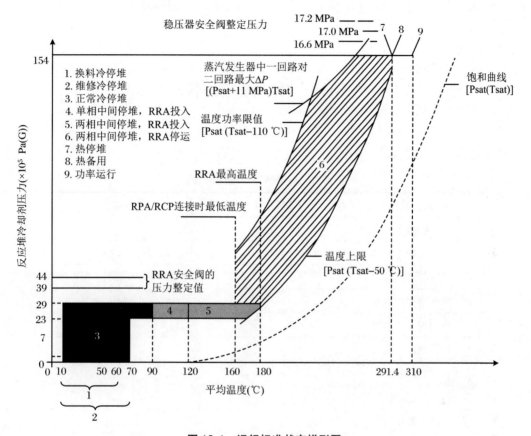

图 15.1　运行标准状态梯形图

8. 注意事项

(1) 注意降温速率在规定的范围内;

(2) 注意降功率满足技术规格书的要求;

(3) 在降温和降压的过程中参数要满足技术规格书的要求。

15.4　实验步骤

(1) 设定目标负荷和降荷速率,蒸汽自动降负荷;

(2) 负荷降至 350 MW,停运一台气动给水泵;

(3) 负荷降至 200 MW,通知电网调度并按下正常停机按钮;

(4) 堆功率降至 20%,将 GCT 由温度模式切换为压力模式;

（5）堆功率降至18%，确认主给水大流量调节阀处于关闭状态；

（6）堆功率降至10%，将R棒、G棒改为手动控制；

（7）继续降负荷至约5 MW，汽机自动跳闸，发电机解列；

（8）汽机停运后，进行二回路辅助系统的停运操作；

（9）降低核功率至2%，手动插R棒、G棒到第（5）步，一回路硼化。

15.5 实 验 报 告

实验记录见表15.1。

表 15.1 核电站停堆数据记录表

实验过程	100%功率运行	热停堆状态
电功率		
核功率		
冷却剂流量		
冷却剂平均温度		
冷却剂入口温度		
冷却剂出口温度		
给水温度		
蒸汽温度		
稳压器压力		
稳压器水位		
稳压器内温度		
上充流量		
下泄流量		
给水流量		
蒸汽流量		
冷凝器压力		
凝水温度		
凝水流量		

实验结果分析：描述主要参数的变化，并分析原因。

15.6　思　考　题

（1）反应堆功率陡增的原因可能是什么？

（2）控制棒如何控制反应过程？

参 考 文 献

［1］ 丁洪林.核辐射探测器[M].哈尔滨:哈尔滨工程大学出版社,2010.

［2］ 李德平,潘自强.辐射防护监测技术[M].北京:原子能出版社,1988.

［3］ 阎昌琪,黄渭堂.用γ射线衰减技术测量两相流空泡份额的实验研究[J].应用科技,1989,32(12):1-7.

［4］ 韩德伟,张建新.金相试样制备与显示技术[M].2版.长沙:中南大学出版社,2014.

［5］ 杨文斗.反应堆材料学[M].北京:原子能出版社,2000.

［6］ 陈惠芬.金属学与热处理[M].北京:冶金工业出版社,2009.

［7］ 杨福家.原子物理学[M].3版.北京:高等教育出版社,2000.

［8］ 北京大学,复旦大学.核物理实验[M].北京:原子能出版社,1989.

［9］ Jiang P X,Liu B,Zhao C R,et al.Convection heat transfer of supercritical pressure carbon dioxide in a vertical micro tube from transition to turbulent flow regime[J].International Journal of Heat & Mass Transfer,2013,56(1-2):741-749.